ro
ro
ro

Zu diesem Buch

Für sicher Erachtetes stellt sich bisweilen als höchst unwahrscheinlich heraus. Einige als äußerst selten eingeschätzte Ereignisse sehen bei näherer Betrachtung eher alltäglich aus. Die Autoren berichten von Vertracktem und Unerwartetem aus medizinischer Forschung, Rechtsprechung und dem ganz normalen Leben. Vaterschaftstests, Terrorverbindungen, DNA-Fingerprints, Wahlergebnisse, Morde, Steuererklärungen, Diagnosen und Feierabendstaus werden unterhaltsam quer durchdacht.

Privatdozent Dr. Hans-Hermann Dubben und Prof. Dr. Hans-Peter Beck-Bornholdt, bekannt durch ihre vergnüglichen und tiefgründigen Umdenkbücher *Der Hund, der Eier legt* (science 61154) und *Der Schein der Weisen* (science 61450), lehren und forschen am Institut für Allgemeinmedizin des Universitätsklinikums Hamburg-Eppendorf. Beide sind von Haus aus Physiker. Sie haben diverse akademische Preise erhalten, unter anderem den Fischer-Appelt-Preis der Universität Hamburg für hervorragende Lehrleistungen.

Hans-Hermann Dubben
Hans-Peter Beck-Bornholdt

Mit an Wahrscheinlichkeit grenzender Sicherheit

Logisches Denken und Zufall

Rowohlt Taschenbuch Verlag

rororo science
Lektorat Ludwig Moos

Veröffentlicht im Rowohlt Taschenbuch Verlag,
Reinbek bei Hamburg, Juni 2005
Copyright © 2005 by Rowohlt Verlag GmbH,
Reinbek bei Hamburg
Illustrationen: Hans-Hermann Dubben
Umschlaggestaltung any.way, Barbara Hanke
(Abbildung: Photonica/G.K.&Vikki Hart/Johner)
Satz Sabon und Futura PostScript (InDesign)
bei Pinkuin Satz und Datentechnik, Berlin
Druck und Bindung Clausen & Bosse, Leck
Printed in Germany
ISBN 3 499 61902 4

Inhaltsverzeichnis

Vorwort

Über Wahrscheinlichkeiten und ihre Eigenarten wurde schon sehr viel geschrieben. Und es wurde schon viel über das Geschriebene geschrieben. Einiges davon haben wir hier für Sie zusammengeschrieben. Damit stehen wir wissenschaftlich ganz weit vorne, denn nach Eugen Roth gilt:

«Die Wissenschaft, sie ist und bleibt, was einer ab vom andern schreibt; und dennoch ist, ganz unbestritten, sie immer weiter fortgeschritten.»

In diesem Buch finden Sie von uns für Sie ausgesuchte Themen, aufgestöbert im täglichen Leben, in Zeitschriften und Büchern, eingefangen in den unendlichen Weiten des Internets, gerupft, klein geschnitten, gewürzt, garniert oder naturbelassen und im Taschenbuchformat serviert. Leicht zu transportieren, netzunabhängig, mit Rand zum Bekritzeln und vielerorts sofort einsetzbar: im Strandkorb, im Flugzeug, im Liegen, auf der Zugspitze, in der Badewanne, vorm Regal im Buchladen.

Hier und da haben wir ein paar Rosinen dazugetan, aber das meiste in diesem Buch gibt es schon woanders und meistens anders. Zu den Kapiteln werden Literaturstellen und Internetadressen benannt. Gerade bei Letzteren ist meist nicht nachvollziehbar, wer zuerst dieses oder jenes geschrieben hat. Es ist fraglich, ob wir immer den wahren Urheber eines Textes in der Liste haben. Ideen und Anregungen haben wir auch erhalten von der Kollegin nebenan, vom Nachbarn, vom Schwipp-Schwager. Hin und wieder hatten wir auch mal eine eigene Idee. Aber welche war das noch? War es überhaupt eine eigene Idee? Oder haben wir einfach nur vergessen, dass wir es schon einmal irgendwo gelesen oder gehört haben?

Dieses Buch präsentiert Geschichten und Vertracktes aus der Welt des (Un-)Wahrscheinlichen. Vielleicht regt es auch hier und da zum Weiterdenken an. Das wäre ganz in unserem Sinne. Denn so manches, was uns heutzutage als wissenschaftliche Erkenntnis serviert wird, ist nichts als eine Täuschung – gerade auch in der medizinischen Forschung.

Viel Spaß beim Lesen wünschen
Hans-Hermann Dubben und Hans-Peter Beck-Bornholdt

Hamburg, im April 2005

1. Chinesen sind besser als Chinesen
Nicht-transitive Relationen oder die Möglichkeit,
ganz logisch im Kreis zu denken

«Aber den Kuchen bitte heiß, wenn's geht. Und ich will das Eis nicht obendrauf,
ich will es extra und ich hätte gerne Erdbeer- statt Vanilleeis, wenn's geht. Wenn
nicht: Kein Eis – nur Schlagsahne – aber nur frische. Wenn sie aus der Dose
kommt, gar nichts.»
«Nicht mal Kuchen?»
«Doch, in dem Fall nur den Kuchen, aber bitte nicht heiß.»
«Aha.»

AUS: HARRY UND SALLY

«Paula, wohin gehen wir heute Abend essen? Zum Chinesen, zum
Griechen oder zum Italiener? Die Nennung erfolgte in alphabeti-
scher Reihenfolge, damit du dich durch meine Vorliebe nicht unter
Druck gesetzt fühlst.»

«Ach, Oskar, du bist manchmal so einfühlsam, selbstlos und so
aufdringlich bescheiden ... Einer von den dreien hat doch bestimmt
Ruhetag heute. Nur wenn ich weiß wer, kann ich dir eine eindeutige
Antwort geben.»

«Du redest in Rätseln, aber wenigstens die Frage nach dem Ruhetag ist a) nachvollziehbar und b) lösbar. Ich seh mal in die Zeitung.
Wenn wir wissen, welcher der drei heute ausfällt, kannst du dich
sicherlich einfacher entscheiden.»

«Du verstehst nicht – nicht einfacher, sondern überhaupt. Ohne
Kenntnis des Ruhetags kann ich deine Frage nicht beantworten ...»

«Sprach die Sphinx ...»

«Wenn der Italiener zuhat, möchte ich zum Chinesen!»

«Und wenn der Chinese heute Heimaturlaub macht?»

«Dann möchte ich zum Griechen. Klarer Fall.»

«Hier steht's, Paula, der Grieche hat heute Ruhetag.»

«Na, dann lass uns zum Italiener gehen!»

«Meine liebe Paula, darf ich anmerken, dass du mich zum Wahnsinn treibst?»

«Ja gerne. Aber mach doch bitte ein vollständiges Kompliment. Welcher meiner Reize …»

«Also, wenn du deinen Schülern mit derselben Logik Mathematik beibringst, wie du ein Restaurant aussuchst, dann muss bei der Pisa-Studie …»

«Vorsicht, Glatteis! Das war alles streng logisch. Aber wenn du mir nicht den Ruhetag genannt hättest, hätte ich mich wirklich nicht entscheiden können.»

«Was ist daran logisch: Du gehst lieber zum Chinesen als zum Griechen, lieber zum Griechen als zum Italiener, lieber zum Italiener als zum Chinesen. Also ist der Chinese besser als der Grieche, der besser ist als der Italiener, der besser ist als der Chinese. Und somit hat sich der Chinese selbst übertroffen! Du musst zugeben, das ist Unsinn!?»

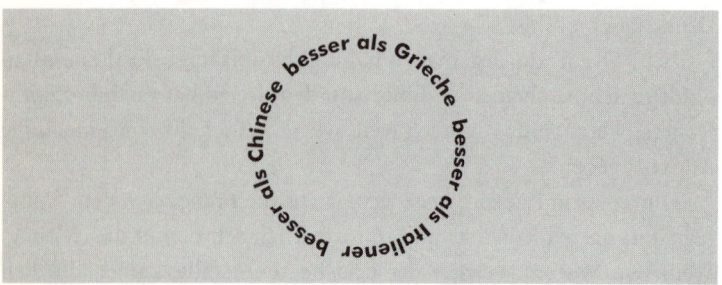

«Mag sein, dass es der männlichen Intuition widerspricht, aber es ist logisch. Darf ich versuchen, es dir zu erklären?»

«Ich bitte darum.»

«Also dann. Ich habe die Restaurants unter drei Gesichtspunkten beurteilt: Geschmack des Essens. Das Ambiente: die Einrichtung, das Publikum, eine schöne Aussicht auf den Kellner ... du verstehst schon. Und hungrig nach Hause gehen möchte ich auch nicht: Die Größe der Portionen ist nicht unwichtig. Zu jedem Kriterium habe ich die Restaurants in eine Reihenfolge gebracht.

Das sieht so aus:

	Platz 1	Platz 2	Platz 3
Geschmack	Italiener	Chinese	Grieche
Ambiente	Grieche	Italiener	Chinese
Menge	Chinese	Grieche	Italiener

Paulas Einschätzung ihrer drei liebsten Restaurants

Jedes Restaurant hat seine Vorzüge. Und da mir Geschmack, Ambiente und Menge gleichermaßen wichtig sind, kann ich mich nicht rational entscheiden. Da könnte ich nur würfeln oder hoffen, dass wenigstens eines der Restaurants geschlossen hat. Dann kann ich mich eindeutig und logisch entscheiden.

Wenn der Italiener Ruhetag hat, ist der Chinese in zwei Kriterien besser als der Grieche, nämlich Geschmack und Menge. Macht der Chinese Pause, dann ist der Grieche in Ambiente und Menge besser als der Italiener. Und wenn der Grieche die Küche kalt lässt, liegt der Italiener in Geschmack und Ambiente vor dem Chinesen. Ist doch logisch, oder?»

«Ja, sagt der Verstand, und die Gewohnheit grummelt: Wenn A > B und B > C, dann ist auch A > C ...», grummelt Oskar.

«Eine Pizza ist besser als nichts. Nichts ist besser als ewige Glückseligkeit. Also ist eine Pizza besser als ewige Glückseligkeit. – Ich habe Hunger. – Jetzt!», drängelt Paula.

Die beiden finden den Weg zum Italiener und durch die Speisekarte. Erst bei der Nachspeise kommen die beiden auf das Thema dieses Kapitels zurück.

«Sieh mal, Paula, als Nachtisch gibt es Apfelstrudel mit Eis oder Vanillesoße oder Sahne.»

«Eines von dreien haben wir nicht mehr, hab aber vergessen, was es war», vermeldet der Kellner, «ich schau mal eben ...»

«Sie können sich einen Weg sparen. Ich weiß ja, was ich will», sagt Paula und bestellt: «Wenn Sie keine Vanillesoße haben, möchte ich Sahne, bei keiner Sahne nehm ich Eis, und wenn das Eis fehlt ...»

«... nimmt sie Vanillesoße. Ist doch logisch», fällt Oskar ihr ins Wort und fügt hinzu: «Oder?»

«So ist es», erwidert Paula, «auch hier habe ich klare Vorstellungen und kann mich ohne Zögern entscheiden, wenn eines der Angebote ausfällt. Am besten, du siehst dir die Tabelle an. Sie ist analog derjenigen zur Auswahl des Restaurants.»

	Platz 1	Platz 2	Platz 3
Geschmack	Vanillesoße	Sahne	Eis
Aussehen	Eis	Vanillesoße	Sahne
Menge	Sahne	Eis	Vanillesoße

Apfelstrudel mit ... Paulas Einschätzung ihrer drei liebsten Apfelstrudelbeilagen.

«In eine ähnlich vertrackte Situation kann eine junge Dame geraten, die drei Heiratsanträge gleichzeitig erhält. Auch für die männlichen Heiratsaspiranten ist die Matrix interessant. Nehmen wir an, Bernd sei der Chef von Alfred und Christoph. Bernd hätte gewonnen, wenn er Alfred für längere Zeit ins Ausland versetzen würde (... natürlich in ein Land, in das die dreifach Angebetete nicht mit möchte), denn Christoph ist dann keine ernste Konkurrenz für ihn. Ein fataler Fehler wäre es, Christoph auszuschalten, denn dann hätte Bernd verloren und Alfred hätte tatenlos gewonnen.»

	Platz 1	Platz 2	Platz 3
Charakter	Alfred	Bernd (Chef)	Christoph
Aussehen	Christoph	Alfred	Bernd (Chef)
Einkommen	Bernd (Chef)	Christoph	Alfred

Paulas Übersicht zum Heiratsdilemma bei intransitiven Verhältnissen

«Vielleicht sollte Bernd etwas an seinem Aussehen arbeiten», gibt Oskar zu bedenken.

«Also, wenn Veränderungen mit in Betracht gezogen werden dürfen, würde ich mich auf Alfred konzentrieren. Dass ein Mann seinen Charakter ändert, ist hoffnungslos, aber da ist er ja schon auf Platz eins. Ein Mann muss nicht unbedingt schön sein, lässt sich aber unter Umständen wenigstens zivilisieren und dadurch verschönern. Und Alfreds Einkommen lässt sich allemal verbessern … mit mir als Managerin!»

Oskar, dem das Ganze nach wie vor nicht geheuer ist, erinnert sich an ein Spiel aus seiner Kindheit.

«Wir nannten es Ching-chang-chong und waren überzeugt, dass das aus dem Chinesischen übersetzt 1-2-3 bedeutet. Wir zählten also chinesisch bis drei und gaben dann gleichzeitig mit der Hand ein Zeichen für Papier (flache Hand) oder Schere (gespreizte Finger) oder Stein (Faust). Dabei galten folgende Regeln: Stein schleift Schere, Schere schneidet Papier, Papier wickelt den Stein ein. Jeweils das Erstgenannte besiegt das Zweite. Es gibt also kein Symbol, das am mächtigsten ist. Und einen sicheren Verlierer gibt es nur, wenn einer eine Vorliebe für ein Symbol hat und dieses besonders häufig zeigt. Wenn ich weiß, dass mein Gegner eine Vorliebe z. B. für Stein hat, dann wähle ich natürlich Papier. Am besten, man zeigt völlig zufällig eines der Symbole. Dann haben beide dieselbe Gewinnchance. – Glaubst du, es gibt noch mehr solcher Spiele, Paula?»

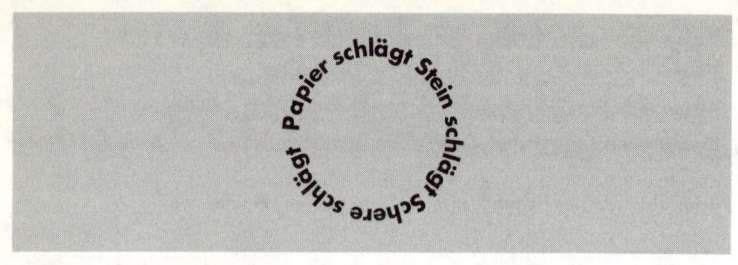

«Aber ja. Du kennst doch unser Würfelspiel, mit dem wir oft darum spielen, wer die Rechnung im Restaurant bezahlt. Ich sage gleich dazu: Ich hab es nur mit dir gespielt, wenn du garstig zu mir warst, wie beispielsweise am Anfang dieses Kapitels.»

«Das Spiel mit den drei Würfeln? Bei dem ich mir den Würfel beliebig aussuchen darf?!» Oskar war schon lange aufgefallen, dass Paula bei diesem Spiel immer so überlegen dreinblickte.

«Viel wichtiger ist, dass ich *nach* dir auswählen durfte. Das Spiel ist als ‹chinesische Würfel› bekannt, wobei mir unbekannt ist, weshalb man diese Art von Spielen den Chinesen nachsagt. Wir werden später sehen, dass sie in aller Welt verbreitet sind. – Aber jetzt zu den Würfeln. Hier sind sie, als Schnittbogen zum Nachbauen.

Würfel A				Würfel B				Würfel C			
	3				2				1		
7	5	7	5	9.	4	9.	4	8	6.	8	6.
	3				2				1		

Bausatz für drei intransitive Würfel

Beim Ausschneiden bitte beachten, dass notwendige Klebelaschen nicht eingezeichnet sind. Am besten eignen sich zum Nachbau verschiedenfarbige Blanko-Würfel, die man selbst beschriftet. Das Spiel selbst geht so: Du wählst zuerst einen Würfel und dann wähle ich. Wir werfen beide unseren Würfel, und die höchste Zahl gewinnt. Und ich kann mir immer meinen Würfel so aussuchen, dass ich eine bessere Gewinnchance habe als du, lieber Oskar.»

«Das verstehe ich nicht. Wie bringst du es übers Herz, mich so auszutricksen, und wie funktioniert das?»

«Am besten, wir lassen die Würfel in Gedanken gegeneinander antreten und sehen uns in einer Matrix an, was da alles passieren kann. Zunächst Würfel A gegen Würfel B. In den Feldern steht jeweils der Buchstabe des gewinnenden Würfels. Wie du siehst, gewinnt A in 5 von 9 Fällen gegen B.

		Würfel B		
		2	4	9
Würfel A	3	A	B	B
	5	A	A	B
	7	A	A	B

Matrix «A gegen B». A schlägt B in 5 von 9 Fällen.

Bei B gegen C sieht es ähnlich aus. In 5 von 9 Fällen ist B dem Würfel C überlegen.

		Würfel C		
		1	6	8
Würfel B	2	B	C	C
	4	B	C	C
	9	B	B	B

Matrix «B gegen C». B schlägt C in 5 von 9 Fällen.

Nun könnte man denken, C sei der schlechteste der drei Würfel und man solle ihn unbedingt vermeiden. Die Probe aufs Exempel belehrt uns eines Besseren und Erstaunlicheren: C schlägt A in 5 von 9 Fällen.

		Würfel A		
		3	5	7
Würfel C	1	A	A	A
	6	C	C	A
	8	C	C	C

Matrix «C gegen A». C schlägt A in 5 von 9 Fällen.

Es ist also völlig egal, welchen Würfel du wählst, ich finde immer einen, der besser ist als deiner. – Und um den ersten Teil deiner Frage zu beantworten: Einen besseren Würfel habe ich mir nur ausgesucht, wenn ich mich vorher über dich geärgert habe.»

«Also nie. Verstehe ich das richtig?»

«Ich stimme dir insofern zu, dass wir bei aller Rationalität auch an etwas glauben müssen», erwidert Paula.

«Du sagtest vorhin, diese Art von Spielen ist in aller Welt verbreitet. Doch nicht etwa in honorigen Spielcasinos …?»

«Ach, viel honoriger. Kenneth Arrow aus Stanford hat sich mit

Wahlsystemen auseinander gesetzt und gezeigt, dass keines perfekt ist und man mit allen sehr paradoxe Ergebnisse erzielen kann. Das wurde nobel honoriert: 1972 erhielt Arrow den Wirtschafts-Nobelpreis.»

«Mit Ching-chang-chong zum Nobelpreis! Das hätte ich nicht gedacht ...»

«So einfach war es doch nicht, auch wenn ich es hier zwischen den Pizza-Resten nur vereinfacht darstelle. Arrow[1] ging davon aus, dass Wähler rational sind (was für die reale Welt nicht unbedingt zutreffen muss): Wenn sie den Kandidaten A besser finden als B und B besser als C, dann finden sie auch A besser als C. Jeder Wähler kann den Kandidaten einen Rang in der eigenen Wunschliste zuordnen. Nehmen wir 15 Personen, die darüber entscheiden sollen, welches Getränk es auf einer Party geben soll[2]: Wein, Bier oder Brause. Sechs von ihnen möchten am liebsten Brause, am zweitliebsten Wein und Bier am wenigsten. Fünf haben die Rangliste Bier, Wein, Brause und vier Wein, Bier, Brause.»

Brause, Wein, Bier	Bier, Wein, Brause	Wein, Bier, Brause
Brause, Wein, Bier	Bier, Wein, Brause	Wein, Bier, Brause
Brause, Wein, Bier	Bier, Wein, Brause	Wein, Bier, Brause
Brause, Wein, Bier	Bier, Wein, Brause	Wein, Bier, Brause
Brause, Wein, Bier	Bier, Wein, Brause	
Brause, Wein, Bier		

Übersicht über die Vorlieben des Getränke-Komitees

---

[1] Nach Dana Mackenzie: Making Sense Out of Consensus. http://www.siam.org/siam-news/10-00/consensus.htm

[2] Dieses Beispiel entstammt einer Vorlesung von Donald G. Saari, der ein Buch mit dem Titel «*Chaotic Elections: A Mathematician Looks at Voting*» (American Mathematical Society, Providence, Rhode Island, 2001) geschrieben hat.

«Als Erstes wurde mehrheitlich abgestimmt», fährt Paula fort, «einfach durch Heben der Hand. Brause erhält mit 6 Stimmen die Mehrheit – zum Schrecken von 60 % ($^9/_{15}$) der Wähler, bei denen Brause auf dem letzten Platz steht. Man einigte sich auf ein anderes Wahlverfahren, auf eine Stichwahl: Platz 1 und 2 der Mehrheitswahl sollen in einer zweiten Abstimmung gegeneinander antreten. Da im ersten Wahlgang Wein auf Platz 3 kommt und damit ausscheidet, wählen die Weintrinker ihr zweitliebstes Getränk: Bier. Damit gewinnt Bier mit 9 von 15 Stimmen. So weit, so gut, aber wenn man in die Komitee-Liste schaut, stellt man schnell fest, dass 10 der Mitglieder Wein lieber mögen als Bier. Warum dann nicht Wein trinken, bitte sehr? Das wäre das Ergebnis des so genannten *Borda-Counts*. Jeder darf Punkte vergeben: 3 für seinen Platz 1, 2 für Platz 2 und einen für Platz 3. Auf die Art erhält Brause 6 × 3 + 9 × 1 = 27 Punkte. Bier erhält 6 × 1 + 5 × 3 + 4 × 2 = 29 Punkte. Wein ist mit 6 × 2 + 5 × 2 + 4 × 3 = 34 Punkten der Sieger.»

«Hm, vielleicht sollte einfach jeder sein eigenes Getränk mitbringen», gibt Oskar zu bedenken.

«Bei politischen Wahlen gibt es diese Möglichkeit nicht. Sonst müsste man gar nicht erst wählen und hätte Tausende kleiner Fürstentümer, in denen jeder sein eigenes Süppchen kocht. Aber bedenklich ist die Situation schon, denn offenbar hängt der Ausgang einer Wahl nicht nur vom Willen der Wählerschaft ab, sondern auch davon, wie die Stimmen gezählt werden. Ein grundlegendes Wahlparadox, das von Condorcet im Jahre 1785 entdeckt wurde, ist dasselbe wie mein Restaurantproblem. Drei vernunftbegabte Wähler sollen einen Kandidaten oder auch drei Gäste bei dir zu Hause sollen ihr Lieblingsgetränk auswählen. Der erste mag am liebsten Brause, gefolgt von Wein und schließlich Bier. Der zweite hat die Rangliste Wein-Bier-Brause und der dritte Bier-Brause-Wein (Mackenzie 2000).

1. Gast: *Brause-Wein-Bier*
2. Gast: *Wein-Bier-Brause*
3. Gast: *Bier-Brause-Wein*

Jetzt stelle sie vor die Wahl: Brause oder Wein? Mit 2:1 Stimmen wird Brause gewählt werden. Bei ‹Wein oder Bier› werden sie sich mit 2:1 Stimmen für Wein entscheiden. Damit lautet der Zwischenstand: Brause ist beliebter als Wein und Wein ist beliebter als Bier. Also sollte Brause beliebter als Bier sein. Vor die Frage ‹Brause oder Bier?› gestellt, werden die Wähler aber mit 2:1 für Bier stimmen. Das ist nicht nur paradox, sondern als Gastgeber hast du es völlig in der Hand, wie die Wahl ausgeht. Du musst nur die ‹Kandidaten› in der richtigen Reihenfolge anbieten.»

«Alles klar. Ich möchte dich zum Bier überreden. Also frage ich dich: Möchtest du Brause oder Wein?»

«Ich möchte Wein!»

Eine zyklische Mehrheit bei den Präferenzen der Wähler in Dänemark für den Premierminister konnte Peter Kurrild-Klitgaard zeigen.[3]

[3] Peter Kurrild-Klitgaard: An empirical example of the Condorcet paradox of voting in a large electorate. *Public Choice* 107: 135–145, 2001

Money makes the world go round

Wem die Würfel als Spielzeug in der Tasche zu sehr auftragen, kann sich mit einer Münzversion des Spieles behelfen. Die Münzen A, B und C können so beschriftet sein:

A: 1 und 6   B: 2 und 4   C: 3 und 5

Diese Spielergebnisse sind dann möglich:

Matrix A gegen B

	Münze B	
	2	4
1	B	B
6	A	A

A und B sind «gleich gut».

Matrix A gegen C

	Münze C	
	3	5
1	C	C
6	A	A

A und C sind «gleich gut».

Da nun A = B und A = C, liegt die Vermutung nahe, dass B = C ist. Probieren wir es aus:

Matrix B gegen C

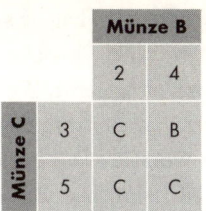

		Münze B	
		2	4
Münze C	3	C	B
	5	C	C

B und C sind nicht «gleich gut»! In 3 von 4 oder 75 % der Fälle besiegt Münze C die Münze B. Dieses Spiel nimmt nicht nur weniger Platz in der Hosentasche ein als das Würfelspiel. Es bringt auch mehr Geld in dieselbe. Nehmen wir an, dass ein ahnungsloser Gegner seine Münze jedes Mal zufällig auswählt, also mit $1/3$ Wahrscheinlichkeit die Münze A, B bzw. C. Wählt der Gegner A, nehme ich B oder C. Wählt er C, nehme ich auf jeden Fall A. Wählt er B, dann nehme ich C. Meine Gewinnwahrscheinlichkeit beträgt dann

$$P(\text{Gewinn}) = 1/3 \times 0{,}5 + 1/3 \times 0{,}5 + 1/3 \times 0{,}75 = 7/12 = 0{,}58 = 58\,\%.$$

Meine Gewinnwahrscheinlichkeit mit den drei Würfeln beträgt

$$P(\text{Gewinn}) = 5/9 = 0{,}56 = 56\,\%.$$

Das Münzspiel bringt also ein wenig mehr ein. Allerdings birgt es das Risiko, dass der andere irgendwann auf die Idee kommt, Münze B zu meiden. Dann ist das Spiel schlagartig langweilig. Bei den Würfeln gibt es diesen Ausweg für den Gegenspieler nicht.

Kopfzerbrechen mit Kopfschmerzmitteln

In den Semesterferien besuchte Paula häufig ihre Oma. Sie hatte ein kleines Häuschen an der Ostsee. Paula konnte umsonst bei ihr wohnen und Urlaub machen. Nebenbei hat sie sich bei einem Aushilfsjob in einer Imbissbude am Strand ein bisschen Geld dazuverdient und auch ein bisschen fürs Studium gelernt. Wenn Paula vom Frittenfettnebel Kopfschmerzen hatte, gab ihr ihre Oma immer die altbewährte «Bruchtablette» mit den Worten: «Das hat deinem Opa auch immer geholfen.» Die Schmerzen nahmen durch die Tabletten tatsächlich deutlich ab, aber völlig schmerzfrei war Paula durch die Pillen nie. Obwohl sie dadurch immer etwas Durchfall bekam, nahm sie die Dinger ganz gerne.

Später kam dann das «Auapyrin» auf. In einer Studie war gezeigt worden, dass es genauso wirksam war wie die «Bruchtablette», aber die Durchfälle traten nicht mehr bei jeder Einnahme, sondern nur bisweilen auf.

Paula erzählt: «Neulich habe ich mir diese Studie einmal angesehen. Sie war sehr ordentlich durchgeführt worden, was man von klinischen Studien nun wirklich nicht immer behaupten kann. Man hatte 5000 Versuchspersonen, die häufiger über Kopfschmerzen klagten, bei zwei aufeinander folgenden Attacken entweder beim ersten Mal die ‹Bruchtablette› und beim zweiten Mal ‹Auapyrin› gegeben oder umgekehrt. Diese Art von Studien nennt man ‹Cross over›-(Über-Kreuz-)Studien. Dabei hatte man strengstens darauf geachtet, dass die Patienten nicht wussten, welches Präparat sie gerade eingenommen hatten. Anschließend sollten sie angeben, welches Medikament besser geholfen hatte, das erste oder das zweite. Und außerdem sollten sie angeben, ob sie Durchfall bekommen hatten. Es zeigte sich, dass beide Medikamente gleich häufig genannt wurden, wenn es um die bessere Wirksamkeit ging. Die ‹Bruchtablette› verursachte aber etwa dreimal häufiger Durchfälle.

Jahrelang nahm ich ‹Auapyrin›, bis mich meine Ärztin darauf hinwies, dass es jetzt doch ‹Dolorex› gäbe, das sei genauso wirksam wie ‹Auapyrin›, verursache aber überhaupt keine Durchfälle. Auch dies war mit einer ausgezeichneten ‹Cross over›-Studie belegt worden. Es stimmt. Ich habe es probiert. ‹Dolorex› macht keinen Durchfall. Und die Kopfschmerzen werden besser. Aber irgendwie habe ich das Gefühl, dass mir die Schmerzmittel nicht mehr so richtig helfen und dass die ‹Bruchtablette› besser geholfen hat. Den Durchfall würde ich ja gerne in Kauf nehmen. Als ich meine Ärztin darauf ansprach, schüttelte sie den Kopf. Es läge daran, dass ich so häufig Schmerzmittel nehmen würde. Neulich habe ich dann trotzdem in der Apotheke die alte ‹Bruchtablette› verlangt. Sie hatten sie nicht auf Lager, haben sie aber für mich bestellt. Ich habe das Gefühl, dass sie mir deutlich besser hilft – allerdings macht sie auch Durchfall.»

Kann das überhaupt sein? Liebe Leserin, überlegen Sie mal, wie es dazu kommen kann. Und lesen Sie erst weiter, wenn Sie die Lösung haben.

Bei den Schmerzmedikamenten verhält es sich ähnlich wie bei den soeben erwähnten Münzen. Die folgende Tabelle zeigt die Vergleichsstudie zwischen der «Bruchtablette» und «Auapyrin». Während die «Bruchtablette» immer hilft und zu deutlich verringerten Schmerzen führt, hängt die Wirkung von «Auapyrin» davon ab, ob man Kopfschmerzen vom Typ A oder vom Typ B hat. Dass es diese beiden Kopfschmerztypen überhaupt gibt, das wissen nur wir, die Autoren und die Leser dieser Zeilen. Es wird noch einige Jahrzehnte dauern, bis man diesen Unterschied entdeckt. Beide Typen treten gleich häufig auf. «Auapyrin» hilft bei Typ A überhaupt nicht und bei Typ B beseitigt es die Schmerzen vollständig.

		Auapyrin	
		Hilft überhaupt nicht bei Typ A	Völlige Schmerzfreiheit bei Typ B
Bruchtablette	Deutlich weniger Schmerzen bei allen	Bruchtablette besser	Auapyrin besser

Vergleich der «Bruchtablette» mit «Auapyrin»

Die nächste Tabelle zeigt den Vergleich von «Auapyrin» mit «Dolorex». Im Gegensatz zu «Auapyrin» wirkt «Dolorex» wie die alte

«Bruchtablette» immer. Allerdings nehmen die Schmerzen nur etwas ab.

		Dolorex
		Schmerzen nehmen etwas ab
Auapyrin	Hilft überhaupt nicht bei Typ A	Dolorex besser
	Völlige Schmerzfreiheit bei Typ B	Auapyrin besser

Vergleich von «Auapyrin» mit «Dolorex»

Auch diese beiden Präparate sind in ihrer Wirksamkeit gleich häufig besser. Und nun kommen wir zum Vergleich von «Dolorex» mit der alten «Bruchtablette».

		Dolorex
		Schmerzen nehmen etwas ab
Bruchtablette	Deutlich weniger Schmerz	Bruchtablette besser

Vergleich der «Bruchtablette» mit «Dolorex»

Die «Bruchtablette» hat immer eine höhere Wirksamkeit als «Dolorex» – allerdings zum Preis eines Durchfalls.

Paula erzählt weiter: «Ich jedenfalls nehme ab jetzt wieder die ‹Bruchtablette›. Den Durchfall nehme ich in Kauf. Allerdings erfuhr ich gestern von meinem Apotheker, dass das Präparat jetzt vom Markt genommen worden ist, weil es ja nachweislich schlechter ist als die anderen Medikamente. Ich habe mir noch einen kleinen Vorrat zugelegt. Aber irgendwann sind sie mal alle. Schade!»

Bessere Chancen für Paula

Paula hat Geburtstag. Noch letzte Woche war Oskar der Verzweiflung nahe. Paula hat alles, was sie braucht, und:

«Was ich bis heute entbehren konnte, das brauch ich auch nicht!» – Ende des Originalzitats von Paula.

«Gut, dass wir uns bereits gestern begegnet sind», pflegt Oskar dann zu bemerken.

«Das heißt nicht, dass es an dir nichts zu verbessern gibt, nur weil es so lange auch ohne Verbesserung gut ging», gibt Paula dann regelmäßig zu bedenken.

«Ich werde etwas verbessern», dachte sich Oskar daher letzte Woche, «nicht mich – viel zu schwierig, oder gar unmöglich – aber Paulas Zechpreller-Würfelspiel! Da werd ich schon was finden.»

Gesagt – gegoogelt. Bei Martin Gardner[4] wurde Oskar fündig und entwarf einen Bauplan. Mit einem Juwelier in der Familie war es dann nur eine Frage von viel Geld, den Plan übers Wochenende in ein wahres Schmuckstück umzusetzen.

An ihrem Geburtstag lädt er Paula ein ... zum Japaner! Heute bitte keinen Streit, sondern einen klaren Entschluss. Das Essen schmeckt beiden vorzüglich. Vor dem Nachtisch schiebt er ihr das Geschenk über den Tisch. Paula bekommt ganz große Augen, als sie das ziemlich kleine Päckchen mit dem Adressaufkleber des Juweliers sieht: «Oh, Oskar!!» Oskar wird plötzlich heiß und kalt und denkt: «Oh, Oskar!! Du Depp! – Das weckt jetzt so große Erwartungen, dass sie in jedem Falle enttäuscht sein wird.» Mit zittrigen Fingern öffnet Paula unendlich langsam die Schleife. Die Spannung wird unerträglich, die Luft ist zum Zerschneiden. Der Kellner lässt vor Schreck beim Vorbeigehen einen Aschenbecher fallen.

---

[4] Martin Gardner: On the Paradoxial Situations that Arise from Nontransitive Relations. *Scientific American* 231 (4): 120–124, 1974

Endlich klappt Paula den Deckel auf: «Oh, Oskar!! Ein intransitiver Kreisel! Das ist ja ausgefallen und passend und praktisch zugleich! Und in massivem Silber. Ein wahres Schmuckstück!» Oskar ist zunächst erleichtert, dann enttäuscht, dass Paula nicht enttäuscht ist, und dann wieder beeindruckt, dass Paula dieses Teufelswerkzeug sofort als solches erkannt hat. «Ich wollte dir zum Geburtstag eine Chancenverbesserung von 5:4 auf 2:1 schenken», stottert er.

Oskars intransitiver Kreisel aus massivem Silber

«Aber das wär doch wirklich nicht nötig gewesen», stottert nun auch Paula, «ich hab dich doch schon gewonnen, oder?»

«Äh, ja, schon … aber mit diesem Kreisel werd ich dir in Zukunft noch mehr zur Verfügung stehen. Er hat ähnliche Eigenschaften wie die oben erwähnten Würfel und Münzen. Er ist intransitiv, wie du schon sagtest. Bei diesem Kreisel sind die äußeren Segmente mit den Zahlen 1, 2 und 3 und die Winkel zwischen den Pfeilen in der nebenstehenden Figur exakt gleich groß. Der innere Teil mit den Pfeilen a, b und c ist frei drehbar. Wenn der Innenteil steht, zeigen alle Pfeile auf eine andere Zahl. Folgendes lässt sich schnell zeigen:

b schlägt a mit 2:1,
c schlägt b mit 2:1,
und
a schlägt c mit 2:1.

Wenn du mich in Zukunft, wenn die Rechnung kommt, zuerst einen Pfeil wählen lässt, kannst du dir immer einen aussuchen, mit dem du eine doppelt so hohe Gewinnchance hast wie ich. – Aber heute lade ich dich natürlich sowieso ein.»

«Ich verspreche, diesen Kreisel nie gegen dich einzusetzen! Aber zum Beispiel gegen Kollegen, wenn es darum geht, wer den Kaffee kocht. – Ach, übrigens, nach dem Nachtisch ... gehen wir dann zu dir oder zu mir? Such dir mal einen Pfeil aus!»

Wir wissen nicht, wo Paula und Oskar hingehen, aber wir wissen jetzt, dass die Wahl von Getränken oder Politikern von der Reihenfolge abhängen kann, mit der die Kandidaten präsentiert werden. Selbst ständiger Fortschritt, immer «bessere» Würfel oder gar ständiges Bergauf-Laufen (siehe Abbildung) führen nicht unbedingt zu

«Es geht aufwärts! Hurra!» M. C. Escher nachempfundenes Hamsterrad. Mit Scheuklappen ausgestattet empfindet die betroffene Person die Situation nicht als unangenehm.

einem höheren Ziel. Wenn der Weg das Ziel ist, sollte das aber auch ohne «Auapyrin» niemandem Kopfschmerzen bereiten. Sehr weit verbreitet sind Kopfschmerzen allerdings im Zusammenhang mit bedingten Wahrscheinlichkeiten, mit denen wir uns in den nächsten Kapiteln beschäftigen werden.

Weiterführender Link

http://condorcet.org/rp/arrow.shtml

2. Vater oder Vater Morgana?
Situationsabhängige Interpretation des genetischen Vaterschaftstests

Wir Frauen verlieben uns immer in den gleichen Typ von Mann.
Das ist unsere Form von Monogamie.

LAUREN BACALL

Bei Löwen, aber auch bei Bären und manchen Affenarten ist die Sache meist klar und sehr brutal geregelt. Übernimmt ein neuer Chef die Herde, so bringt er als Erstes alle Jungtiere um. Genetisch macht das Sinn: Die Jungtiere tragen das Erbgut des alten Chefs der Herde. Die Weibchen sollen jetzt aber für das Erbgut des neuen Chefs empfangsbereit sein – und zwar möglichst bald. Da sind die Jungtiere im Weg. Die Weibchen verteidigen ihren Nachwuchs kaum oder gar nicht. Es hat auch keinen Zweck. Und sie sind meist schnell wieder paarungswillig. Auch dies macht vom genetischen Standpunkt aus Sinn.

Bei uns ist diese Angelegenheit zivilisierter geregelt. Es gibt immer mehr Patchworkfamilien. Dennoch gehört es zu den tief verankerten und unausgesprochenen Ängsten von werdenden Vätern, dass das Kind im Bauch der Partnerin nicht das eigene sein könnte. Mit dieser Angst kann man – dank Molekularbiologie – ein gutes Geschäft machen, indem man einen entsprechenden Vaterschaftstest verkauft. Man kann damit auch ganze Fernsehprogramme gestalten, wo dann vor dem Publikum das Ergebnis des genetischen Tests gelüftet wird.

Die Hersteller dieser Tests versprechen ziemlich viel: «Die statistische Sicherheit unseres Vaterschaftstests liegt bei über 99,999 Prozent[1]», verspricht ein Anbieter. Ein anderer bietet drei verschiedene Tests mit unterschiedlicher «Ergebnissicherheit» an: 99,9999 Prozent für 725 €, 99,995 Prozent für 433 € und 99,9 Prozent für 280 €.

In diesem Kapitel wollen wir prüfen, ob diese Aussagen stimmen und ob die höhere Sicherheit der teuren Tests die Mehrkosten wert ist.

Für den Test genügen kleinste Mengen an Erbsubstanz, wie sie mit einer Speichel- oder Haarprobe gewonnen werden können. Im Speichel befinden sich zahlreiche Mundschleimhautzellen. Im Kern einer jeden Zelle befindet sich das vollständige Erbgut. Der Test ist natürlich am sichersten, wenn sowohl eine Probe der Kindesmutter, des Kindes und des möglichen Vaters vorliegt. Es genügt aber auch, nur eine Probe des Kindes und des möglichen Vaters zu untersuchen. Und da Speichel leicht mit Wattestäbchen aufgenommen werden kann, kann der zweifelnde Vater sogar problemlos und heimlich die notwendige Probe gewinnen und einen Test machen lassen.

Eva hat vor zwei Wochen ein Baby bekommen. Der genetische Test zeigt, dass die DNA von Klaus passt. Die Wahrscheinlichkeit für eine zufällige Übereinstimmung beträgt nach Angaben des zertifizierten Anbieters $1/100000$. Mit welcher Wahrscheinlichkeit ist Klaus der Vater?

- ○ $99999/100000$, also so gut wie sicher
- ○ auf jeden Fall sehr hoch
- ○ Das kann man so überhaupt nicht sagen

Bisher haben wir uns überhaupt nicht für Klaus und Eva interessiert. Wer sind die beiden? Wo leben sie? Welche Gewohnheiten haben sie? Sie finden das unerheblich? Nun, man wird ja noch mal fragen dürfen.

---

[1] Wenn Sie sich nicht sicher sind, wie man Bundeskanzler wird oder wie man mit Prozenten rechnet, dann könnte der Exkurs im Anhang (S. 200) interessant für Sie sein.

Variante I

Klaus und Eva waren die ersten Menschen auf dem Mars. Sie waren mit einer Raumsonde drei Jahre dorthin unterwegs. Dann haben sie auf dem Mars viele Experimente durchgeführt. Die meisten sind erfolgreich verlaufen. Schließlich haben sie vor drei Jahren den Rückflug angetreten. Sonst war niemand mit auf der Mission. Letzte Woche sind sie glücklich wieder auf der Erde gelandet – zu dritt.

Klaus ist mit hundertprozentiger Sicherheit der Vater.

Nun ja, falls so etwas überhaupt geht. Wenn wir schon bei futuristischer Technik sind, dann könnte man natürlich auch eine künstliche Befruchtung vermuten. Aber das wäre doch ein etwas makabres Experiment und Eva hätte das sicher auf einen Zeitpunkt nach der Rückkehr verlegt. Dann gibt es noch einen Einwand. Das Ganze hat sich ja gewissermaßen im Himmel abgespielt. Eine unbefleckte Empfängnis dort oben ist sicherlich wahrscheinlicher als hienieden auf Erden. Bei einer ernsthaften irdischen Klärung der Vaterschaft dürfte dieser Einwand aber kaum eine Rolle spielen und Josef wäre zum Unterhalt verpflichtet gewesen, so wie Klaus jetzt.

Variante II

Klaus und Eva kennen sich überhaupt nicht. Eva wohnt in einem kleinen Ort in der Nähe von München. Klaus sitzt seit drei Jahren im Knast – in «Santa Fu» in Hamburg. Da sitzt er heute noch. Und er ist kein Freigänger. Seine DNA-Daten stammen aus der Datei des Bundeskriminalamtes.[2] Dass Klaus' DNA zur Kinds-DNA passt, ist ein Zufallstreffer. Die Wahrscheinlichkeit dafür ist etwa $1/100\,000$. Diese Wahrscheinlichkeit ist sehr klein. Wenn aber alle anderen Alternativen

---

2 Unter normalen Umständen würde das Bundeskriminalamt die DNA-Daten von Klaus für einen Vaterschaftstest nicht herausrücken.

Fünf Arten, mit an Wahrscheinlichkeit grenzender Sicherheit Vater zu werden. Genauere Einzelheiten werden im Text beschrieben.

ausgeschlossen werden können, dann ist das, was übrig bleibt, die Wahrheit, egal wie unwahrscheinlich sie ist.[3] In diesem Fall: Der unwahrscheinliche Zufallstreffer ist eingetreten. Das Testergebnis ist falsch.

Klaus ist nicht der Vater, mit hundertprozentiger Sicherheit.

Nun ja, wie gesagt, sofern so etwas überhaupt möglich ist. Er hätte

---

[3] Dies ist das Ausschlussverfahren keines Geringeren als Sherlock Holmes: «Wenn man alles ausgeschaltet hat, was unmöglich ist, bleibt am Ende etwas übrig, das die Wahrheit enthalten muss, mag es auch noch so unwahrscheinlich sein.»

ja eine Samenspende als Kassiber herausschmuggeln lassen können usw. usf. Aber wenn Sie eine derartige Räuberpistole glaubwürdig fänden, dann hätten Sie sicherlich ein anderes Buch gekauft. Hundert Prozent gibt es nicht, allen Dogmatikern zum Trotz. Aber das reale Leben kann ganz nah dran sein, so wie die Varianten I und II. Einmal ist Klaus ganz sicher der Vater und einmal ist er es ganz sicher nicht. Wenn null und hundert Prozent möglich sind, dann ist auch alles dazwischen möglich. Beispiele geben die nächsten Varianten.

Variante III

Klaus und Eva sind seit drei Jahren glücklich verheiratet. Aber: Es gab einen Seitensprung. Dummerweise in der entscheidenden Zeit der Empfängnis. Auch Klaus hat in der Empfängniszeit einmal mit Eva geschlafen. Eva hat bei der Beichte Rotz und Wasser geheult. Klaus war schwer getroffen. Er hat sich betrunken. Er hat geweint und geschimpft. Er hat mit Trennung gedroht. Er hat sich wieder eingekriegt, weil ihm so viel an Eva liegt. Er hat ihr verziehen – aber nagende Zweifel an seiner Vaterschaft sind ihm geblieben. Und als das Baby geboren wurde, hat er den Test machen lassen – heimlich.

Wenn Klaus der Vater ist, dann passt seine DNA natürlich. Wenn der andere der Vater ist, dann ist nicht ausgeschlossen, dass die DNA von Klaus trotzdem passt. Die Wahrscheinlichkeit beträgt $1/100\,000$ = 0,00001. Bevor der Test gemacht wird, ist beides gleich wahrscheinlich: Klaus könnte ebenso der Vater sein wie der andere. Nachdem der Test zeigt, dass die DNA von Klaus passt, ist die Wahrscheinlichkeit, dass Klaus der Vater ist, $1/1,00001$ = 0,99999 oder 99,999 Prozent. In diesem Fall stimmen die Angaben des Anbieters. Klaus fällt ein Stein vom Herzen.

Variante IV

Eva ist Prostituierte. Trotz Aids-Gefahr arbeitet sie meist ohne Kondom. Das gibt es natürlich nur gegen Aufpreis. Bisher ist auch alles gut gegangen – bis auf ein paar relativ schnell heilbare Berufskrankheiten. Eva nimmt die Pille. Klaus ist ihr einziger Stammkunde. Er kommt jede Woche zu ihr. Sie mag Klaus, nicht nur weil er gut und zuverlässig zahlt. Eva hatte eine Magen-Darm-Grippe. Ihr war nicht klar, dass dies dazu führen kann, dass die Pille versagt. Darum ist sie schwanger geworden. Sie bringt es nicht über sich, abzutreiben. Sie hat natürlich keine Ahnung, wer der Vater sein könnte. Evas einzige Hoffnung ist, dass es Klaus ist. Eva hat Klaus um den DNA-Test gebeten. Neben Klaus gab es vielleicht noch 30 weitere Liebhaber, die in Frage kommen könnten, nur kennt Eva diese nicht. Wenn Klaus der Vater ist, dann passt seine DNA natürlich. Wenn einer der 30 anderen der Vater ist, dann ist nicht ausgeschlossen, dass die DNA von Klaus trotzdem passt. Die Wahrscheinlichkeit beträgt $^{30}/_{100\,000}$ = 0,0003. Bevor der Test gemacht wird, ist die Wahrscheinlichkeit, dass Klaus tatsächlich der Vater ist, ungefähr $^{1}/_{30}$. Nachdem der Test zeigt, dass die DNA von Klaus passt, ist die Wahrscheinlichkeit, dass Klaus der Vater ist, $^{1}/_{1,0003}$ = 0,9997 oder 99,97 Prozent. Eine ziemlich klare Sache.

Variante V

Eva und Klaus haben ständig wechselnde Geschlechtspartner. One-Night-Stands finden sie spießig, ein paar Stunden tun es doch auch. Die Daten von Klaus stammen aus der DNA-Datei des Bundeskriminalamts. Klaus und Eva leben beide in Berlin. Klaus und Eva erkennen sich nicht, schließen aber beide nicht aus, dass sie schon mal miteinander geschlafen haben könnten. Vor dem DNA-Test war die Wahrscheinlichkeit, dass Klaus der Vater ist, sehr gering. Denn in der Altersgruppe, auf die Eva «abfährt», gibt es in Berlin und Umgebung rund 300 000 Männer. Da die Wahrscheinlichkeit für eine zufällige Übereinstimmung $^1/_{100\,000}$ beträgt, gibt es in Berlin und Umgebung etwa $^{300\,000}/_{100\,000} = 3$ weitere Männer mit passender DNA. Folglich beträgt die Wahrscheinlichkeit, dass Klaus tatsächlich der Vater ist, $^1/_4 = 0,25$ oder 25 Prozent.

Die folgende Tabelle fasst die Ergebnisse zusammen:

Variante	Stichwort	Wahrscheinlichkeit, dass Klaus der Vater ist
I	Klaus und Eva leben und lieben im selben Raumschiff	100 %
II	Eva lebt in München. Klaus sitzt nachweislich in Hamburg im Gefängnis	0 %
III	Ein einzelner, schwer bereuter Seitensprung von Eva	99,999 %
IV	Eva ist Prostituierte und Klaus ist einer ihrer Kunden	99,97 %
V	Beide lieben ganz Berlin	25 %

Was bringt der Test bei den einzelnen Varianten? Bei den ersten beiden ist der DNA-Test im Grunde überflüssig. Bei Variante III schafft er Klarheit. Hier hätte aber der billigere Test mit einer Wahrscheinlichkeit für eine zufällige Übereinstimmung von $^1/_{1000}$ ausgereicht. Bei der Variante IV ist der Test sicher am nützlichsten gewesen. Die billige Testversion hätte hier zu einer Wahrscheinlichkeit von 97 Prozent geführt und ein bisschen mehr Spielraum für Spekulationen gelassen. Bei Variante V bringt selbst der präziseste Test keine zufrieden stellende Klarheit. Die billige Version hätte nur zu einer Vaterschaftswahrscheinlichkeit von 0,33 Prozent geführt.

Die Anbieter von Vaterschaftstests versprechen hohe «Ergebnissicherheit». Dabei verwechseln die Anwender meist die (tatsächlich hohe) Sicherheit des Tests, die passende DNA zu erkennen, mit der Sicherheit, mit der das Ergebnis interpretiert werden kann. Aber nur, wenn Klaus bereits vor dem Test mit 50 Prozent Wahrscheinlichkeit der Vater ist, entspricht die Testsicherheit der Ergebnissicherheit. Bei niedrigerer Vor-Test-Wahrscheinlichkeit ist die Aussagekraft des Testergebnisses unter Umständen erheblich reduziert und man ist nach dem Test nicht unbedingt viel schlauer als vor dem Test.

Kein Test ist perfekt. Er kann Väter mit Nicht-Vätern verwechseln und umgekehrt. Auch Zeugen einer Straftat können irren. Ihre Aussagen können fatale Folgen haben. Daher ist es wichtig, einen etwaigen Irrtum mit ins Kalkül zu ziehen. Wie das gehen kann, zeigen uns Surelock Humps und Dr. Wattschon im nächsten Kapitel. Und wo es keine lebenden Zeugen mehr gibt, müssen andere Mittel her, beispielsweise der genetische DNA-Fingerabdruck. Den sehen wir uns im übernächsten Kapitel näher an.

3. Der Return des Surelock Humps[1]
Spurensicherung mit Hilfe bedingter Wahrscheinlichkeiten

Wissen ist Macht.
Nichts wissen macht auch nichts.

SPRUCH AN EINER PINNWAND DER KRIPO IN HEIDELBERG

Surelock Humps seufzte vernehmbar, als sein Assistent Dr. Wattschon die Tür der Detektei in Syldennas Beckerstraße von außen schloss. Der ehrgeizige junge Mann hatte ihn in letzter Zeit mehrfach in Verlegenheit gebracht. Heute wieder. Neu und unangenehm war, dass Wattschon häufiger Recht behielt, obwohl er noch so grün hinter den Ohren war. Humps hatte schon viele Assistenten gehabt und viel Bestätigung daraus ziehen können, dass er als alter Hase alles besser wusste. «Alt werden ist nicht schön, aber jung sterben wäre wahrscheinlich keine geschickte Alternative», murmelte er und vertiefte sich in seine Akten.

Vor wenigen Minuten war sein Assistent hektisch in sein Büro gestürmt: Ein Kind war von einem Taxi angefahren und schwer verletzt worden.[2] Der Fahrer war geflohen. Ein Zeuge berichtete, ein grünes Taxi gesehen zu haben. Wattschon hatte bereits recherchiert.

---

[1] Nicht zu verwechseln, aber vielleicht in mysteriöse Verbindung zu bringen mit dem Buch *The Return of Sherlock Holmes* von Sir Arthur Conan Doyle, das genau 100 Jahre vor dem Verfassen dieses Buches erschien.

[2] Die Taxi-Geschichte geht zurück auf Tversky, A., Kahnemann, D.: Judgement under uncertainty: Heuristics and biases. *Science* 185: 1124–1131, 1974

Es gibt in der syldavischen Hauptstadt Syldenna zwei Taxiunternehmen: «Die Blauen» mit 5000 Fahrzeugen und «Die Grünen» mit 100 Stück. Der Zeuge ist sehr zuverlässig. Er verwechselt die Farbe nur in 5 Prozent[3] der Fälle.

Humps wollte sofort alle grünen Taxis überprüfen lassen: auf Unfallspuren am Wagen, auf den Standort bzw. die gefahrene Tour zum Zeitpunkt des Unfalls usw. Doch sein Assistent hatte ihm widersprochen: «Das ergibt doch keinen Sinn», hatte er gesagt. «Wir sollten die blauen Taxis untersuchen.»

Was meinen Sie, liebe Leserin, lieber Leser?

Welche Farbe hatte das Taxi wahrscheinlich?

○ grün
○ blau

Bitte lesen Sie erst weiter, wenn Sie sich entschieden haben.

Spielt es bei Ihrer Entscheidung eine Rolle, wie viele grüne und wie viele blaue Taxis es gibt? Wenn nicht, dann überlegen Sie bitte noch einmal.

Surelock Humps schüttelte verständnislos den Kopf und fragte grantig: «Wieder so eine Sache aus deinem Beees-Kurs?»
Dr. Wattschon korrigierte: «Bayes!»
«Sag ich doch!»
Er hatte im fernen Hamburg einen dreitägigen Kurs bei der deut-

---

3 Wattschon war froh, dass er im Anhang dieses Buches nachschlagen konnte, was «5 Prozent» bedeutet. Woher sollte er es auch wissen? Schließlich hat er, wie die meisten erfolgreichen ehemaligen Gymnasiasten, weniger als ein Prozent seines Lebens in Mathematikstunden verbracht.

schen Kripo besucht. Dabei ging es um so genannte «bedingte Wahrscheinlichkeiten». Die Mathematik dazu stammte aus dem Nachlass eines englischen Geistlichen, der bereits seit bald 300 Jahren tot ist. Der Name dieses Herrn war Thomas Bayes[4]. Humps war schon die ganze Zeit argwöhnisch, weil Wattschon seit seinem Hamburg-Besuch dauernd irgendetwas rechnete. Jäh wurde Humps aus seinen Gedanken gerissen, denn Wattschon hatte schon wieder etwas zu erklären:

«Wenn wir zunächst die Aussage des Zeugen außer Acht lassen, ist es viel wahrscheinlicher, dass es ein blaues Taxi war und kein grünes Taxi. Denn die grünen Taxis sind viel seltener. Sie machen nur rund 2 Prozent aller Taxis in Syldenna aus ($^{100}/_{5100}$ = 0,02 oder 2 Prozent).

Nehmen wir nun die Zeugenaussage hinzu. Er verwechselt die Farbe nur in 5 Prozent der Fälle. In 95 Prozent der Fälle liegt er richtig. Was bedeutet das? W...»

«Na, Wattschon?»

«Wir sollten uns nicht täuschen lassen, Sir. Es kann nicht bedeuten, dass das Taxi mit 95-prozentiger Sicherheit grün war.»

«Wieso?»

«Weil dann selbst Unmögliches wahrscheinlich werden könnte, mein lieber Humps. Nehmen wir mal an, es gäbe grundsätzlich keine grünen Taxis. Wäre es dann trotzdem mit 95-prozentiger Wahrscheinlichkeit ein grünes Taxi, nur weil der Zeuge ‹grün› gesagt hat? Nein! Wir müssen die Häufigkeit der Taxis berücksichtigen. Die folgende Tabelle hilft uns beim Überlegen.»

---

4 Bayes, T.: An essay towards solving a problem in the doctrine of chances. Posthum von John Canton in den Jahren 1763 und 1764 in den *Philosophical Transactions of the Royal Society of London* (Band 53, Seiten 376–399, und Band 54, Seiten 298–310) veröffentlicht. Eine deutsche Übersetzung wurde im Jahre 1908 von H. E. Timerding im Verlag von Wilhelm Engelmann (Leipzig) herausgegeben.

Unfall in Syldenna		Der Zeuge sagt	
	Anzahl	«blau»	«grün»
Das Taxi war grün	100	5	95
Das Taxi war blau	5000	4750	250
Summe	5100	4755	345

Wir stellen uns einmal vor, dass alle 5100 Taxis unter denselben Bedingungen wie zur Tatzeit bei dem Zeugen vorbeifahren. Dann sind 100 dieser Taxis grün und 5000 blau. Bei den 100 grünen Taxis wird der Zeuge 95-mal korrekterweise «grün» sagen. Nur 5-mal wird er sich irren und «blau» melden. Bei den 5000 blauen Taxis wird er sich auch nur in 5 Prozent der Fälle irren und versehentlich «grün» sagen. 5 Prozent von 5000 sind 250 ($^5/_{100}$ × 5000 = 250). In 95 Prozent der Fälle sagt der Zeuge die richtige Farbe, nämlich «blau».

Jetzt zählen wir mal zusammen, wie oft der Zeuge «grün» gesagt hat: 95-mal bei einem grünen Taxi und 250-mal bei einem blauen Taxi, das macht zusammen 345. Davon war das Taxi aber nur 95-mal wirklich grün, das entspricht $^{95}/_{345}$ = 0,28 oder 28 Prozent. Wenn der Zeuge «grün» sagt, ist das Taxi viel häufiger in Wirklichkeit blau, nämlich in $^{250}/_{345}$ = 0,72 oder 72 Prozent der Fälle. Die richtige Lösung der obigen Aufgabe lautet folglich: Das Taxi war wahrscheinlich blau.

Wattschon verbeugte sich und sagte: «Ein klassischer Fall von bedingter Wahrscheinlichkeit, Sir. Darum sollten wir erst die blauen Taxis überprüfen.»

Humps seufzte: «100 grüne Taxis auf Unfallspuren zu untersuchen wäre ja schon schlimm genug gewesen. Aber 5000 blaue – das ist ja kaum zu schaffen.»

«Ich kümmere mich drum, Chef, was ist dat schon», sagte Wattschon und war schon weg.

Humps kann sich nicht auf seine Akten konzentrieren. Die kleine Niederlage wurmt ihn. Er steht auf und geht ans Fenster. Vor dem Polizeigebäude hält ein blaues Taxi, um einen Fahrgast aussteigen zu lassen. Surelock Humps überlegt: Wie groß ist die Wahrscheinlichkeit, dass es sich dabei um das Unfalltaxi handelt? Die Wahrscheinlichkeit, dass es ein blaues Taxi war, beträgt 72 Prozent. Die verteilt sich auf 5000 blaue Taxis. Die Wahrscheinlichkeit, dass es genau dieses blaue Taxi war, beträgt somit $^{72}/_{5000} = 0{,}0144$ oder 1,44 Prozent.

Und was ist mit dem grünen Taxi dort hinten am Taxistand? Die Wahrscheinlichkeit, dass das Fahrerflucht-Taxi grün war, beträgt 28 Prozent. Es gibt nur 100 grüne Taxis. Die Wahrscheinlichkeit, dass es genau dieses grüne Taxi war, beträgt somit $^{28}/_{100} = 0{,}28$ oder 28 Prozent. Dieser Wert ist rund 20-mal größer als bei dem blauen Taxi.[5]

«Ha!!!», denkt Humps, «eine Watschen für Wattschon!» Er greift zum Handy und hat Wattschon erwischt, noch bevor der sich ein Taxi ranwinken konnte: «Wir prüfen *doch* erst die grünen Taxis!! ... Doch, obwohl das Taxi wahrscheinlich blau war!! ... Genau, wir müssen die Häufigkeiten der Taxis berücksichtigen, deshalb ... Doch, ganz sicher! ... Doch! ... Ja, wir müssen damit rechnen, dass wir bei den grünen Taxis nicht fündig werden, und entsprechende Vorkehrungen treffen. Aber erst mal sind die grünen dran.»

---

[5] Wenn ich alle 100 grünen Taxis überprüft habe, dann habe ich den Tatwagen mit 28-prozentiger Sicherheit. Ich muss aber 1945 blaue Taxis ansehen, um auf die gleiche Sicherheit zu kommen.

Später erläutert er Wattschon seine Überlegungen. Am späten Nachmittag auf dem Heimweg wird er entgegen seinen Gewohnheiten in ein kleines Straßencafé gehen, sich einen Vino Sylde und etwas Käse bestellen, genüsslich die Zeitung lesen und sich nach langer Zeit endlich mal wieder pudelwohl fühlen.

Während Humps zufrieden in der Straßenkneipe sitzt, schwitzt Wattschon im Büro vor seinen Kursunterlagen aus Hamburg und übt sich in bedingten Wahrscheinlichkeiten. Sein Tennismatch hat er, ganz entgegen seinen Gewohnheiten, abgesagt.

Und wenn der Zeuge «blau» gesagt hätte, was wäre dann?

Wattschon zählt zusammen, wie häufig der Zeuge «blau» gesagt hätte: 5-mal bei einem grünen Taxi und 4750-mal bei einem blauen Taxi, das macht zusammen 4755. Davon war das Taxi tatsächlich 4750-mal wirklich blau, entsprechend $^{4750}/_{4755} = 0,9989$ oder 99,89 Prozent. Wenn der Zeuge «blau» sagt, ist es tatsächlich sehr sicher, dass das Taxi wirklich blau war. Der Zeuge irrt hier lediglich in 0,11 Prozent der Fälle.

Es ist schon erstaunlich, dass die Richtigkeit der Zeugenaussage von der Häufigkeit des Merkmals abhängt, obwohl der Zeuge beide Farben jeweils mit 95-prozentiger Sicherheit richtig erkennt. Wie kann das sein?

Bevor der Zeuge sich meldet und seine Aussage macht, muss man davon ausgehen, dass die Wahrscheinlichkeit, dass das Taxi grün war, 2 Prozent beträgt. Durch die Zeugenaussage «grün» steigt diese Wahrscheinlichkeit auf 28 Prozent an. Dieser Anstieg von 2 auf 28 stellt den Erkenntnisgewinn durch die Aussage dar. Hätte der Zeuge hingegen «blau» gesagt, wäre die Wahrscheinlichkeit, dass das Taxi blau war, von 98 Prozent auf 99,89 Prozent angestiegen.

Und wenn sich der Unfall nun nicht in Syldenna, sondern in Andrydenna ereignet hätte?

In Andrydenna gibt es auch 100 grüne Taxis. Die Überzahl der «blauen» ist hier allerdings weniger ausgeprägt, es sind nur 1900.

Liebe Leserin, lieber Leser, helfen Sie doch bitte mal Dr. Wattschon, die Tabelle zu ergänzen. Der Ärmste hat bereits Kopfschmerzen.

Unfall in Andrydenna

	Anzahl	Der Zeuge sagt	
		«blau»	«grün»
Das Taxi war grün	100		
Das Taxi war blau	1900		
Summe	2000		

Wie groß ist die Wahrscheinlichkeit, dass das Taxi tatsächlich grün ist, wenn der Zeuge «grün» sagt? Wenn Sie 50 Prozent herausbekommen haben, dann stimmt Ihr Ergebnis. Die komplette Tabelle finden Sie auf Seite 192.

In der Provinzstadt Parydenna gibt es jeweils 100 grüne und 100 blaue Taxis. Wie wäre es denn dort gewesen? Dr. Wattschon bittet um Ihre Unterstützung.

Unfall in Parydenna

	Anzahl	Der Zeuge sagt	
		«blau»	«grün»
Das Taxi war grün	100		
Das Taxi war blau	100		
Summe	200		

Hier entspricht das Ergebnis nun endlich unserer Intuition. Die 5 Prozent des Farbenverwechselns finden sich tatsächlich im Ergebnis wieder.

Wattschon stellt alle Ergebnisse in einer einzigen Tabelle zusammen:

Häufigkeit des Merkmals	Häufigkeit richtiger Aussagen
98%	99,89%
95%	99,72%
50%	95%
5%	50%
2%	28%

«Das ist ja blöd», murmelt Wattschon. «Je häufiger das Merkmal, umso häufiger ist die Aussage richtig. Das bedeutet ja umgekehrt: Je seltener das Merkmal, umso häufiger ist die Aussage falsch! Dabei freuen wir Kriminalisten uns immer über seltene Merkmale, die von Zeugen erkannt werden, denn diese grenzen den Täterkreis am meisten ein. Je nützlicher eine Aussage sein könnte, umso unsicherer ist ihr Wahrheitsgehalt. ... Aber andererseits ... Andererseits fallen seltene Merkmale viel mehr auf als häufige ... und man kann sie sich leichter merken ... Vielleicht irrt man bei seltenen Merkmalen nicht so häufig?»

Wattschon steht auf und läuft mit hinter dem Rücken verschränkten Armen in seinem Wohnzimmer umher. Da kommt ihm ein Gedanke: «War es denn überhaupt ein Taxi?» Er überlegt: In Syldenna gibt es rund 255 000 Pkws, davon sind 5100 Taxis. Das Merkmal «Taxi» ist also relativ selten. Dessen Häufigkeit beträgt $^{5100}/_{255\,000} =$ 0,02 oder 2 Prozent. «Darum haben wir uns so schnell auf die Taxis gestürzt. Wir lieben seltene Merkmale bei Tätern.» Ein Taxi ist allerdings deutlich leichter von einem normalen Pkw zu unterscheiden als die Unterscheidung von grünen und blauen Taxis. «Hier irrt der Zeuge, wenn er mich nicht vorsätzlich täuschen will, sicherlich nur in einem Prozent der Fälle», denkt Wattschon und macht sich wieder eine Tabelle:

Unfall in Syldenna		Der Zeuge sagt	
	Anzahl	«Taxi»	«kein Taxi»
Es war ein Taxi	5100	5049	51
Es war kein Taxi	250 000	2500	247 500
Summe	255 100	7549	247 551

Die Wahrscheinlichkeit, dass es tatsächlich ein Taxi war, ist mit 67 Prozent zwar über 50 Prozent, aber mit einer Chance von 33 Prozent war es vielleicht gar kein Taxi. «Na ja», denkt er bei sich, «vielleicht ist die Verwechslungswahrscheinlichkeit bei Taxis ja doch geringer, als ich angenommen habe.» Wattschon überlegt, welche Merkmale denn besonders selten sind und daher in der Kriminalistik besonders große Bedeutung haben. «Man findet den Personalausweis des Täters am Tatort ... nein, da fragt man sich dann, ob der wirklich so blöd ist und erwägt, dass es eine vorgetäuschte Spur ist», sinniert Wattschon. Dann fallen ihm die Fingerabdrücke ein und dann der genetische Fingerabdruck, die DNA-Analyse. Richtig, liebe Leserin, das hatten wir doch schon beim Vaterschaftstest im letzten Kapitel. Und Wattschons Berechnungen unterscheiden sich davon auch nicht prinzipiell. Trotzdem bleiben wir auch im nächsten Kapitel bei dem Thema «bedingte Wahrscheinlichkeiten». Auch der fast (!) perfekte und häufig überschätzte genetische Fingerabdruck ist nicht sicher und eindeutig interpretierbar. Somit kommen wir jetzt zum ersten Mord in diesem Buch.

4. Im Namen des Volkszorns
Situationsabhängige Interpretation des genetischen Fingerabdrucks

Du sollst keinen verurteilen,
ehe du ihm den Denkprozess
gemacht hast.

ALFRED POLGAR

«Damit sind Sie überführt!», sagt der Vorsitzende Richter des Landgerichts. «Ich würde Ihnen empfehlen zu gestehen. Das wirkt sich nämlich strafmildernd aus.» In einem Gespräch unter vier Augen mit der Anwältin des Angeklagten ergänzt er: «Die Beweislast ist erdrückend. Ihr Mandant hat keine Chance. Bei einem Geständnis könnten wir ihn mit fünfzehn Jahren davonkommen lassen. Ohne Geständnis bekommt er mindestens zwanzig. Sprechen Sie doch mal mit ihm.» Die Anwältin verspricht, mit ihrem Mandanten zu sprechen, und fügt hinzu: «Ich sehe aber keine Chance, ihn zu überzeugen. Er behauptet immer wieder, er sei es nicht gewesen. Und ich habe es ihm bis heute auch geglaubt. Ich kann mir auch jetzt noch nicht vorstellen, dass er es war.» Der Richter erwidert: «Die DNA-Analyse beweist es doch! Die Chance, dass die Übereinstimmung mit seiner DNA zufällig ist, beträgt ungefähr 1:1 000 000, sagen die Wissenschaftler. Weniger Zweifel an einem Urteil kann kein Mensch erwarten!» Die Anwältin gibt zu bedenken, dass dies doch eine Umkehr der Beweislast sei, aber der Richter schüttelt nur verständnislos mit dem Kopf: «Werte Frau Kollegin. Wir haben ihn doch überführt. Der DNA-Test beweist, dass es sein Sperma war. Wie ist denn sonst sein Sperma in den Slip des Opfers gekommen? Das soll Ihr Mandant mir bitte mal erklären.» Ungeduldig wendet er sich ab und sagt im Gehen: «Entschuldigen Sie mich bitte, aber ich habe gleich noch eine Verhandlung.»

Wie beweiskräftig ist das Ergebnis einer DNA-Analyse? Gibt es danach noch Zweifel? Das Bundesverfassungsgericht hat immerhin entschieden, dass die DNA-Analyse allein nicht ausreicht. Auf der ersten Jahrestagung der Deutschen Gesellschaft für Kriminalistik in der Führungsakademie der Polizei in Münster-Hiltrup im August 2004 hat einer von uns das Auditorium mit einem Fall konfrontiert und darüber abstimmen lassen. Hier der Fall:

> Sarah wurde missbraucht und erwürgt hinter einer dichten Hecke gefunden. Der DNA-Test des Spermas ergibt Übereinstimmung mit der DNA von Peter S. Die Wahrscheinlichkeit für eine zufällige Übereinstimmung beträgt $1/1\,000\,000$.
> Mit welcher Wahrscheinlichkeit ist Peter S. der Täter?
> Bitte kreuzen Sie die Wahrscheinlichkeit an, die Sie für richtig halten.
>
> ○ 100 %
> ○ ca. 99,9 %
> ○ ca. 50 %
> ○ 0 %
> ○ alles ist möglich

Am häufigsten wurde 99,9 % genannt. Aber auch 100 % und «alles ist möglich» wurden von zahlreichen Teilnehmern genannt. Die 0 % wurde gar nicht, die 50 % nur selten genannt. Sicherlich möchten Sie jetzt erfahren, was denn die richtige Antwort ist. Das wird aber erst verraten, wenn Sie oben Ihr Kreuzchen gemacht haben.

Die gute Nachricht ist, dass keine Antwort ganz falsch ist. Darüber haben sich die Teilnehmer der Tagung natürlich gefreut. Aber damit ist auch klar, dass die letzte Antwort richtiger ist als die anderen. Wie kann das sein?

Im obigen Fall liegen nur wenige Informationen vor. Man erfährt nicht, ob Sarah und Peter S. sich kannten oder ob sie in derselben

Stadt leben. Man erfährt auch nicht, ob der Tatzeitpunkt bekannt ist und wie viele potenzielle Täter es überhaupt gibt. Außerdem erfährt man auch nicht, wie Peter S. ausfindig gemacht wurde. Im Folgenden werden weitere Details geliefert. Diese sind jedes Mal verschieden. Darum sind auch die Schlussfolgerungen unterschiedlich.

Mordfall 1

Wie könnte man auf 100 % kommen? Das könnte so aussehen: Der Mord geschah auf einer Hallig. Peter S. ist Sarahs Nachbar. Er ist wegen Sexualdelikten vorbestraft. Zur Tatzeit waren nachweislich nur zwei weitere Männer auf der Hallig. Deren DNA stimmt mit der am Tatort gefundenen DNA nicht überein.

→ Dieser Fall ist klar. Peter S. ist der Täter: hundertprozentig.[1]

Mordfall 2

Und wie kommt man auf 0 %? Das ist gar nicht so schwierig, wie es zunächst scheint: Der Mord fand in München statt. Peter S.' Daten stammen aus der DNA-Datei des Bundeskriminalamts. Aber Peter S. hat ein sicheres Alibi. Er war zur Tatzeit bereits verstorben und beerdigt.

→ Damit ist klar, dass Peter S. es nicht gewesen sein kann. Die Täterwahrscheinlichkeit beträgt null Prozent.[2]

---

[1] Bei nicht hundertprozentiger Sicherheit mit Prozentrechnung könnte der Exkurs im Anhang als Aufwärmübung dienen.

[2] Na gut: praktisch gleich null, denn auch in diesem Fall gibt es noch Ausnahmen und Peter S. lebt doch noch. Siehe Harry Lime in «Der dritte Mann», der seinen Tod vortäuscht, um vor seinen Verfolgern Ruhe zu haben.

In den beiden bisher besprochenen Fällen haben wir die deterministische Logik angewandt. Darum ist das Ergebnis auch so eindeutig. Mit der deterministischen Logik können wir auch meist sehr sicher umgehen. Ganz anders funktioniert die Wahrscheinlichkeitslogik. Hier irren wir häufig, weil die Ergebnisse unserer Intuition meist widersprechen.

Mordfall 3

Wenn 100 Prozent und 0 Prozent möglich sind, dann kann man wohl auch alle Werte dazwischen konstruieren. Nehmen wir an, der Mord geschah in Neuseeland. Die Namen «Peter S.» und «Sarah» sind daher auf Englisch auszusprechen. Peter S.' Daten stammen aus der DNA-Datei der neuseeländischen Kriminalpolizei. Er war zur Tatzeit nachweislich im Lande.

In Neuseeland leben rund vier Millionen Menschen. Davon sind rund zwei Millionen Männer und davon hat rund die Hälfte das Alter, bei dem eine derartige Tat überhaupt möglich ist. Folglich gibt es neben Peter S. rund eine Million potenzielle Täter. Bei einer Million Menschen wird es im Durchschnitt etwa einen geben, der dieselben DNA-Merkmale hat wie Peter S. Da es neben Peter S. noch einen Unbekannten gibt, der die Tat begangen haben könnte, ist die Wahrscheinlichkeit, dass es Peter S. war, $^1/_2 = 0,50$ oder 50 %.

→ Peter S. ist also höchst verdächtig, aber bewiesen ist damit noch nichts.

Mordfall 4

Sarahs Leiche wird im Frühjahr nach einem strengen Winter bei einem Autobahnparkplatz in der Nähe von Berlin gefunden. Die Tatzeit kann nur ungefähr geschätzt werden. Peter S.' Daten stammen aus der DNA-Datei der ungarischen Polizei und wurden bei einer europaweiten Fahndung aufgefunden.

Die Europäische Union hat 400 Millionen Bürger. Davon sind die Hälfte Männer und davon wiederum die Hälfte dürfte das richtige Alter haben. Folglich gibt es rund 100 Millionen potenzielle Täter. Neben Peter S. haben noch 100 weitere Bürger passende DNA-Merkmale. Da es neben Peter S. noch weitere 100 Unbekannte gibt, die als Täter in Frage kommen, ist die Wahrscheinlichkeit, dass es Peter S. war, $^1/_{101}$ = 0,01 oder 1 Prozent.

→ Peter S. ist verdächtig, aber es ist nicht sehr wahrscheinlich, dass er es tatsächlich war.

Mordfall 5

Der Mord fand auf der Ostfriesischen Insel Juist statt. Zur Tatzeit waren nachweislich 1227 Männer auf der Insel. Einer davon war Peter S. Bei 226 stimmt die DNA nicht überein. Von den restlichen ist die Identität nicht bekannt. Neben Peter S. gibt es folglich noch maximal 1000 weitere Tatverdächtige. Die Wahrscheinlichkeit, dass bei einem dieser Unbekannten die DNA passt, beträgt $^{1000}/_{1\,000\,000}$ = 0,001 beziehungsweise 0,1 Prozent oder ein Promille.

→ Es ist ziemlich sicher, dass Peter S. der Täter ist: 99,9 Prozent.

Die folgende Tabelle fasst die letzten drei Fälle noch einmal zusammen. Vor der DNA-Analyse unterscheiden sich in den drei konstruierten Fällen die Wahrscheinlichkeiten, dass Peter S. tatsächlich der Täter ist, sehr deutlich. Durch die positive DNA-Analyse steigt die Wahrscheinlichkeit für seine Täterschaft jedes Mal deutlich an. Da aber die Ausgangswerte so verschieden sind, sind auch die Ergebnisse sehr verschieden.

Es bleibt also festzuhalten, dass es sehr auf die Umstände des Falls ankommt. Die positive DNA-Analyse allein genügt nicht – jedenfalls nicht immer.

	Wahrscheinlichkeit, dass Peter S. der Täter ist	
	Vor der DNA-Analyse	Nach der DNA-Analyse
Juist	0,1 %	99,9 %
Neuseeland	0,0001 %	50 %
Europäische Union	0,000001 %	1 %

Dieser Umstand erscheint den meisten von uns befremdlich. Vielleicht hilft das folgende analoge Beispiel dabei, es besser zu verstehen:

In Hamburg wird eine junge Frau von einem rosaroten Rolls-Royce angefahren und schwer verletzt. Der Fahrer flieht. Da sich das Drama vor einer Bushaltestelle abspielt, gibt es sehr viele Zeugen, die unabhängig voneinander bestätigen, dass es ein rosaroter Rolls-Royce war. Dass sich all die vielen Zeugen einheitlich irren, ist extrem unwahrscheinlich. Leider hat niemand auf das Nummernschild geachtet und es kann auch kein Zeuge etwas über den Fahrer aussagen. Da es in Hamburg nur einen einzigen rosaroten Rolls-Royce gibt, ist das Tatfahrzeug damit eindeutig identifiziert. Oder?

Doch was, wenn man nun erfährt, dass es im Hamburger Umland drei weitere rosarote Rolls-Royce gibt, einen in Wedel, einen in Pinneberg und einen in Kröppelshagen? Wenn man weiterhin erfährt, dass auch in Timmendorfer Strand, Lüneburg und Neumünster jeweils ein solcher Wagen existiert? Wenn sich schließlich herausstellt, dass es in Deutschland insgesamt 80 derartige Fahrzeuge gibt? In dieser Situation wäre wohl kein Kriminalist und auch kein Richter bereit, sich darauf festzulegen, dass es das Hamburger Fahrzeug gewesen sein muss. Beide wären nicht bereit, den folgenden Schluss zu ziehen:

1. In Deutschland gibt es 80 rosarote Rolls-Royce.
2. Der Täter fuhr einen rosaroten Rolls-Royce.

3. Dies ist ein rosaroter Rolls-Royce und darum ist es das Tatfahrzeug.

Aber warum wird dann folgendermaßen argumentiert?

1. In Deutschland gibt es 80 Personen mit diesen DNA-Merkmalen.
2. Der Täter hat diese DNA-Merkmale.
3. Der Angeklagte hat diese DNA-Merkmale und darum ist er der Täter.

Punkt 1 wird bei der Beurteilung der DNA-Analyse schlichtweg vergessen. Nicht nur die DNA von eineiigen Zwillingen passt zueinander, sondern auch die bei der DNA-Analyse festgestellten Merkmale völlig unterschiedlicher Personen. Wenn die Wahrscheinlichkeit für eine zufällige Übereinstimmung bei einer DNA-Analyse $1/_{1\,000\,000}$ beträgt, dann bedeutet das, dass es in Deutschland ungefähr 80 Personen mit diesen Merkmalen gibt. Das ist nicht anders als bei den rosaroten Rolls-Royce.

Die DNA-Analyse ist ein wertvolles Instrument der Kriminalistik. Aber es ist ein Unterschied, ob man feststellt, dass die DNA passt, oder ob man feststellt, dass der Täter Ede Tunichtgut aus Bruchstätten, geboren am 4. Dezember 1950, wohnhaft in der Holunderstraße 46, war.

Wie bei den rosaroten Rolls-Royce gilt auch bei der DNA: Die kriminalistische Arbeit und die Beweisführung dürfen nicht dabei stehen bleiben. Es bedarf noch einer ganzen Reihe weiterer Beweismittel, um den Täter zu überführen.

Der Richter rechnet nicht. Im Juristenlatein heißt das: «Iudex non calculat.» Aber rechnet der Richter wirklich nicht? Bezieht er nicht doch unbewusst Wahrscheinlichkeiten in seine Überlegungen ein? Das Merkmal «Der Täter hatte blaue Augen» gilt ihm nicht als Beweis, da so viele Menschen blaue Augen haben. Die Wahrscheinlichkeit einer Verwechslung mit einem anderen ist ihm zu groß. Das Merkmal «Der Täter fuhr einen rosaroten Rolls-Royce» hingegen hat bei ihm ein viel größeres Gewicht, da es davon in der Stadt nur einen einzigen gibt. Der Richter rechnet doch – aber leider unbewusst. Und daher sind Trugschlüsse vorprogrammiert.

Zurück zum Kapitelanfang: Ein unschuldiger Angeklagter, der seine Situation für aussichtslos hält, könnte auf die Idee kommen, auf den strafmildernden Vorschlag des Richters einzugehen und zu gestehen, um sich damit Zeit im Knast zu ersparen. Derartige Geständnisse kann man aber nicht mehr als ganz freiwillig bezeichnen. Es stellt sich daher die Frage, welchen Wahrheitsgehalt diese Geständnisse haben. Diese Frage ist weit mehr als nur akademisch, denn je geringer der Wahrheitswert, desto wahrscheinlicher ist es, dass der wahre Mörder von Sarah noch unter uns ist und sich nach dem Geständnis sehr sicher fühlen kann.

Eine übereinstimmende DNA allein genügt nicht als Beweis. Dies hat auch das Bundesverfassungsgericht festgestellt. Bei der Ermittlung ist es selbstverständlich erforderlich, dass auch den anderen Spuren nachgegangen wird, um die Wahrscheinlichkeit für die Täterschaft vor dem DNA-Test zu erhöhen und entsprechend der Tabelle auf Seite 51 ein aussagekräftiges Ergebnis für die Täterschaft nach dem DNA-Test zu erhalten.

5. Der Ankläger-Trugschluss: Verurteilt wegen Unwahrscheinlichkeit
Falsch verstandene Wahrscheinlichkeitslogik mit schweren Folgen

Einmal ist keinmal.

Christopher Clark, geboren am 22. September 1996, liegt im Alter von 11 Wochen tot in seiner Wiege. Es wird eine natürliche Todesursache diagnostiziert: plötzlicher Kindstod (englisch: Sudden Infant Death Syndrome, SIDS). Es gibt keinen Hinweis auf einen Unfall oder gar auf Mord. Die Eltern, Sally und Steve Clark, bekommen am 29. November 1997 wieder ein Kind: Harry. Das Kind verstirbt im Alter von 8 Wochen. Kein Hinweis auf Gewalteinwirkung. Ein weiterer Fall von plötzlichem Kindstod? In ein und derselben Familie? Die Eltern werden verhaftet. In dem gerichtlichen Verfahren gibt es streitende, einander und sich selbst widersprechende medizinische Gutachter. Und es gibt eine für das spätere Urteil wohl maßgebliche Zahl in diesem Prozess: Professor Sir Roy Meadow, emeritierter Professor für Pädiatrie und sachverständiger Gutachter in dem Verfahren, hält die Wahrscheinlichkeit, dass in dieser Familie zwei Fälle von plötzlichem Kindstod aufgetreten sind, für verschwindend gering. Ihm zufolge beträgt sie $1/73\,000\,000$. Sally Clark wird wegen zweifachen Mordes angeklagt und verurteilt. Zu Recht?

SIDS ist, so lautet die Definition, der plötzliche Tod eines Kindes, jünger als ein Jahr, der unerklärt bleibt. Weder die Krankengeschichte, der Ort des Geschehens oder die Obduktion geben einen Hinweis auf die Todesursache. Die Inzidenz beträgt in England und Wales etwa 7 pro 10 000 Lebendgeburten. Sie variiert mit der Zeit und auch lokal. Epidemiologische Studien ergaben eine ganze Reihe von Faktoren, die mit dem Risiko für plötzlichen Kindstod zusammenhängen, wie beispielsweise die Anzahl der Geschwister des Kindes, das Alter der Mutter, Bruststillen oder die Exposition zu Tabakrauch.

Für die Clark-Familie wurde aufgrund dieser Risikofaktoren ein individualisiertes Risiko von etwa $1/8500$ für den plötzlichen Kindstod von Christopher zugrunde gelegt. Hier lauert bereits der erste Trugschluss. Es mag durchaus sein, dass das Risiko für die Bevölkerungsgruppe, zu der die Clarks gehören, im Durchschnitt zutrifft. Es bedeutet aber nicht zwangsläufig, dass es für die Clarks tatsächlich zutrifft. Wenn erwachsene deutsche Männer im Durchschnitt Schuhgröße 43 haben, werden den meisten dieser Männer Schuhe dieser Größe entweder zu groß oder zu klein sein.

Wie groß ist die Wahrscheinlichkeit (das Risiko), mit einem sechsseitigen Würfel eine Sechs zu werfen? $1/6$. Richtig. Die Wahrscheinlichkeit, zweimal hintereinander eine Sechs zu werfen, beträgt $1/6 \times 1/6 = 1/36$. Im Mittel liefert also jeder 36. Doppelwurf eine Doppel-Sechs. Wie groß ist die Wahrscheinlichkeit von zwei aufeinander folgenden Fällen von plötzlichem Kindstod in einer Familie? Es liegt nahe, das Risiko wie bei dem Würfel durch Multiplikation auszurechnen: $1/8500 \times 1/8500 \cong 1/73\,000\,000$. Genau so wurde diese Zahl berechnet, die bei der Verurteilung von Sally Clark eine so wichtige Rolle gespielt hat. Mit 700 000 Geburten im Vereinigten Königreich pro Jahr bedeutet das: im Mittel tritt dies alle $73\,000\,000/700\,000 = 104$ Jahre einmal auf. Nun, auch 104 Jahre sind irgendwann einmal um, aber ein anderer grober Fehler wurde schon vorher begangen. Um den zu erklären, müssen wir kurz das Thema wechseln.

Der texanische Scharfschütze

Sie sehen eine auf die Tapete gemalte Zielscheibe mit zwei Einschusslöchern in der schwarzen Mitte. Was Sie da sehen, ist nicht eindeutig interpretierbar. Sie müssen wissen, wie dieses Arrangement zustande gekommen ist. Nehmen wir an, die Wahrscheinlichkeit, rein zufällig ins Schwarze zu treffen, beträgt $1/10$.

Es sind zwei Fälle denkbar, wie diese Treffer zustande gekommen sein könnten. Sie führen zu einer völlig unterschiedlichen Beurteilung der Schießkunst des Schützen.

Der texanische Scharfschütze, erste Folge: Nur sehr gute Schützen treffen zweimal hintereinander die Mitte der Zielscheibe. Wie auch schlechte Schützen groß rauskommen können, wird im Text verraten.

Fall 1: Die Zielscheibe ist an die Wand gemalt. Es folgen zwei Schüsse, beide sind Treffer. Die Wahrscheinlichkeit dafür, dass das zufällig gelungen ist, beträgt $^1/_{10} \times {}^1/_{10} = {}^1/_{100}$. Na, das scheint ein ganz guter Schütze zu sein.

Fall 2: Ein Schuss fällt. Ein Loch in der Tapete entsteht. Der Schütze malt eine Zielscheibe um das Loch herum, schießt noch einmal und trifft ins Schwarze. Die Wahrscheinlichkeit dafür, dass das zufällig gelungen ist, beträgt $^1/_{10}$. Na ja, ob das wirklich ein guter Schütze ist?

Am Ende sehen die beiden Zielscheiben gleich aus. Der wesentliche Unterschied besteht darin, dass der Schütze in Fall 1 mit beiden Schüssen ein vorgegebenes Ziel treffen musste, während in Fall 2 der erste Schuss *irgendwo* hingehen konnte und erst der zweite ein vorgegebenes Ziel hatte.

Während des Zweiten Weltkriegs sollen sich viele Londoner während der Luftangriffe in bereits bestehende Bombentrichter in «Sicherheit» gebracht haben. Sie gingen davon aus, dass es sehr unwahrscheinlich sei, dass ein und derselbe Flecken Erde noch einmal getroffen werde. Das ist jedoch ein Trugschluss. Wenn er bereits getroffen ist, dann ist der nächste Treffer genauso wahrscheinlich wie der erste[1] und genauso wahrscheinlich wie ein erster Treffer im noch unversehrten Haus nebenan.

Übertragen auf die Familie Clark lässt sich folgern: Durch den ersten Fall von plötzlichem Kindstod wird lediglich das Ziel vorgegeben. Erst dadurch kam es zu dem schrecklichen Verdacht und wurde Familie Clark zur Zielscheibe. Folglich liegt hier Fall 2 und nicht Fall 1 vor. Aus $^1/_{73\,000\,000}$ wird daher $^1/_{8500}$. Aber was bedeutet das? Die Geschichte der Clarks ist komplizierter als Fall 2 des texanischen Scharfschützen, denn es gibt in England nicht nur Familie Clark und deren Kinder. Daher machen wir eine weitere Fallbetrachtung:

---

[1] Dabei setzen wir voraus, dass die Bomber nicht vorsätzlich bereits bombardierte Stadtgebiete systematisch meiden.

Fall 3: Sie sehen eine Wand. Es fallen Tausende von Schüssen. Der Schütze betrachtet sein Werk, erspäht zwei sehr nahe beieinander liegende Einschusslöcher, malt die Zielscheibe um beide Löcher herum und deckt den Rest der Wand fein säuberlich ab. Am Ende sehen Sie eine auf die Tapete gemalte Zielscheibe mit zwei Einschusslöchern in der schwarzen Mitte.

Wie groß ist die Wahrscheinlichkeit, dass dieses Arrangement zufällig zustande kam? Schwierige Frage, zugegeben, aber die Wahrscheinlichkeit wird nicht gerade klein sein. Wenn der Schütze 1000-mal auf eine Tapete schießt, die schon 1000 Einschusslöcher hat,

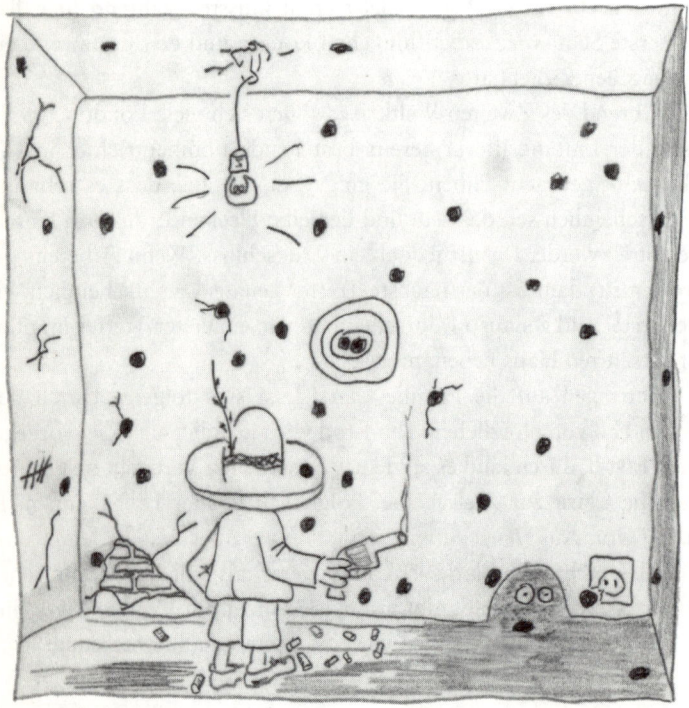

Der texanische Scharfschütze, zweite Folge: eine zumindest in der Wissenschaft anerkannte Art, zweimal die Mitte der Zielscheibe zu treffen. Die Methode erscheint manchen, nicht allen, etwas plump. Trotzdem gibt es eine noch gröbere Variante. Siehe Text.

dann ist nicht verwunderlich, wenn danach zwei Löcher dicht genug beieinander liegen, um die Zielscheibe darum herumzumalen.

Ganz besonders abgekochte Schützenkönige greifen jetzt zu Spachtel und Farbe und lassen unvorteilhafte Einschusslöcher verschwinden. Das gibt es nur in unlauteren Kaschemmen in längst untergegangenen Bananenrepubliken? Leider weit gefehlt. Das Verstecken «uninteressanter» Einschusslöcher ist ein gängiges Verfahren in der Wissenschaft.

Nur ein Bruchteil aller tatsächlich durchgeführten Experimente und klinischen Studien gelangt an die Öffentlichkeit. Forschungsergebnis-

Der texanische Scharfschütze, dritte Folge, beim Abdecken unerfreulicher Einschüsse. Auf diese Art Schützenkönig zu werden ist in der medizinischen Forschung nicht unüblich.

se haben einen weiten Weg mit vielen Hürden zu nehmen, bevor sie der Allgemeinheit zugänglich gemacht werden. Diese Hürden sind häufig eher psychologischer und publizistischer als wissenschaftlicher Natur. Die Folge ist, dass nicht alle Resultate veröffentlicht werden.

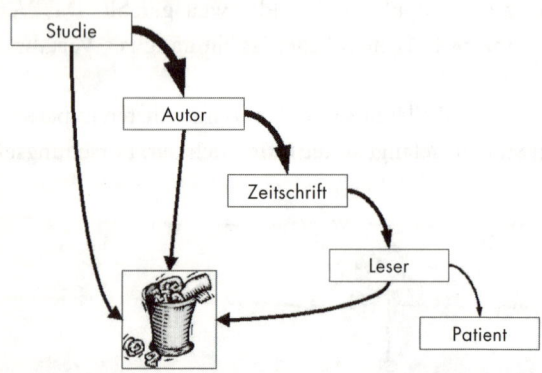

Längst nicht alle wissenschaftlichen Ergebnisse kommen dem Patienten zugute. Auf dem beschwerlichen Weg von der Studie bis zum Patienten bleibt ein großer Teil der Ergebnisse auf der Strecke und landet im Papierkorb.

Das, was die Endverbraucher wissenschaftlicher Information, also Wissenschaftler, Ärztinnen und Patienten, im Rahmen einer Literaturrecherche finden, ist häufig kein getreues Abbild dessen, was tatsächlich in Kliniken und Labors zu dem jeweiligen Thema erforscht worden ist. Man spricht von *publication bias*, wenn die veröffentlichten Forschungsergebnisse nicht repräsentativ für alle erzielten Resultate sind. *Publication bias* ist unausgewogene Berichterstattung in der Wissenschaft. Sie führt zu einer Fehleinschätzung der wissenschaftlichen Realität und im Allgemeinen zu einer Überschätzung von Therapieerfolgen. Die Folge sind Fehlbehandlungen von Patienten und eine sinnlose finanzielle Belastung unseres Gesundheitssystems. *Publication bias* hat zahlreiche Ursachen und Verursacher. Eine besondere Rolle spielen dabei die Mentalität der Wissenschaftler und die Erwartungen der Gesellschaft an die Forschung.[2]

Zurück zum Fall der Familie Clark: Die Zahl $^1/_{8500}$ ist also nicht der Weisheit letzter Schluss. Nehmen wir nochmal die Inzidenz für England und Wales, 7 Fälle von plötzlichem Kindstod pro 10 000 Lebendgeburten. Wenn wir wie beim Würfeln vorgehen und multiplizieren, dann erhalten wir für die Wahrscheinlichkeit, dass das erste und das zweite Kind einer vorher bestimmten Familie an plötzlichem Kindstod versterben, $0{,}0007 \times 0{,}0007 \cong {}^1/_{2\,000\,000}$. In England gibt es jährlich etwa 380 000 Zweitgeburten bzw. Drittgeburten etc. Somit gibt es jährlich $^{380\,000}/_{2\,000\,000} = 0{,}19$ doppelt gestrafte Familien. In ganzen Zahlen: Alle 5 Jahre und 3 Monate versterben in England zwei Kinder *irgendeiner* englischen Familie mit der Diagnose SIDS. Es macht dann keinen Sinn, nachträglich auszurechnen, wie wahrscheinlich es war, dass es nun gerade diese eine Familie getroffen hat.

Die Wahrscheinlichkeit, dass genau Sie, liebe Leserin, am nächsten Sonnabend mit dem ersten Spiel im Lotto (6 aus 49) gewinnen, beträgt etwa $^1/_{14\,000\,000}$. Zu wenig, um sich darauf zu verlassen, nicht wahr? Aber dass irgendjemand von mehreren Millionen Mitspielern gewinnt, ist an der Tagesordnung und wundert niemanden.

Es ist durchaus richtig, die Wahrscheinlichkeiten unseres Würfels miteinander zu multiplizieren. Dies darf man machen, wenn die Sechser-Wahrscheinlichkeiten der einzelnen Würfe unabhängig voneinander sind. Da sich der Würfel an das Ergebnis des letzten Wurfes nicht erinnern kann, ist es vernünftig und zulässig, Unabhängigkeit anzunehmen. Im Fall zweier verstorbener Kinder ist diese Unabhängigkeit nicht unbedingt gegeben.[3] Wenn ein Fall von plötzlichem Kindstod das Auftreten eines weiteren Falles begünstigt, dann darf man die Wahrscheinlichkeiten nicht miteinander multiplizieren.

---

[2] Weiter gehende Informationen zu diesem Thema finden Sie in unserer Broschüre: *Unausgewogene Berichterstattung in der medizinischen Wissenschaft*, die gegen eine Schutzgebühr per E-Mail bestellt werden kann unter: dubben@uke.uni-hamburg.de

[3] Vergleiche hierzu den Artikel von Watkins, S. J.: Conviction by mathematical error? *BMJ* 320: 2–3, 2000.

Es ist nicht auszuschließen, dass die Wahrscheinlichkeitsangaben vom Gericht missverstanden wurden. «Mit einer Wahrscheinlichkeit von $1/73\,000\,000$ ist dies ein zufälliger Doppelfall von plötzlichem Kindstod, also war es mit $1-1/73\,000\,000 = 99{,}9999986$ Prozent Wahrscheinlichkeit ein Doppelmord» – diese Art der Schlussfolgerung ist, egal wie groß oder klein die Zahl ist, schlichtweg blanker Unsinn. Bei einem Lottogewinner macht man sich diese Argumentation auch nicht zu Eigen: Die Wahrscheinlichkeit, im Lotto (6 aus 49) zufällig die sechs richtigen Zahlen anzukreuzen, beträgt $1/14\,000\,000$. Also ist der Gewinner mit einer Wahrscheinlichkeit von $1-1/14\,000\,000 = 99{,}999993$ Prozent ein Betrüger. Es wäre das Ende aller Lotterien, wenn der Hauptgewinn in einem derart begründeten Gefängnisaufenthalt bestünde.

Es ergibt keinen Sinn, die Wahrscheinlichkeit für die eine These (zwei Fälle von plötzlichem Kindstod) zu berechnen und, wenn diese sehr klein ist – und wann wäre sie denn klein genug? –, auf die Gültigkeit der alternativen These (Doppelmord) zu schließen. Also: Wie wahrscheinlich ist es, dass eine Frau innerhalb von 14 Monaten zwei Kinder bekommt und beide nach wenigen Wochen umbringt?

Schließlich schaltete sich die Royal Statistical Society in das Geschehen ein. Am 23. Januar 2002 schreibt Professor Peter Green, Präsident dieser Fachgesellschaft, an den britischen Justizminister, dass der Fall Sally Clarks ein Beispiel für einen medizinischen sachverständigen Zeugen sei, der einen schwerwiegenden statistischen Fehler begeht.

Sally Clark wurde im April 2003 freigesprochen. Im Dezember 2003 hat das General Medical Council ein Ermittlungsverfahren gegen Professor Sir Samuel Roy Meadow erwirkt, der nicht nur bei Sally Clark, sondern auch in zahlreichen ähnlichen Prozessen als Gutachter tätig war.[4]

---

4 http://www.gmc-uk.org/news/current/Meadows%20Statement.htm;
   http://www.epolitix.com/EN/Forums/General+Medical+Council/2DBE04C6-80CB-4D69-80C3-D0DD610D5470.htm

Bemerkenswert in diesem Zusammenhang ist, dass ebendieser Professor Sir Samuel Roy Meadow der Entdecker des sehr seltenen *Münchhausen-by-proxy-Syndroms*[5] ist. Bei dieser Diagnose werden Mutter und Kind zwangsweise getrennt.

Ein nachträglicher Freispruch ist nicht möglich bei dem Urteil, um das sich das nächste Kapitel dreht. Ein positiver BSE-Test kann zum Todesurteil Tausender Rinder führen. Ob das nützlich ist, und für wen, können wir im nächsten Kapitel quer durchdenken.

Weitere Links

http://www.xtramsn.co.nz/health/0,,8065-1670068,00.html
http://www.aafp.org/afp/20031001/british.html
http://www.sallyclark.org.uk/
http://www.whonamedit.com/doctor.cfm/1084.html
http://www.injusticebusters.com/04/Meadow_RoyUK.htm

---

[5] Meadow, R.: Munchausen syndrome by proxy: The hinterland of child abuse. *Lancet* II: 343–345, 1977

6. Mit an Sicherheit grenzendem Wahnsinn
BSE-Test als moderne Hexenjagd?

Eine der verbreitetsten Krankheiten ist die Diagnose.

KARL KRAUS

Der BSE-Test soll verhindern, dass infiziertes Rindfleisch auf unseren Teller kommt. Wenn ein Rind verrückt über die Wiese torkelt, dann ist der Fall ziemlich klar. Spätestens die Untersuchung des Hirngewebes würde hier Klarheit schaffen. Für diese Tiere brauchen wir keinen BSE-Test. Den BSE-Test brauchen wir zur Untersuchung derjenigen Tiere, die noch keine Symptome aufweisen, die aber dennoch infiziert sein könnten. In diesem Kapitel wollen wir überlegen, ob der BSE-Test das überhaupt leistet.

In Hinblick auf BSE hat ein Rind genau zwei Möglichkeiten: Entweder es ist infiziert oder eben nicht. Untersucht man ein Rind, ob infiziert oder nicht, mit dem BSE-Test, dann gibt es auch nur zwei Möglichkeiten: Der Test kommt zu dem Ergebnis, dass das Rind infiziert ist oder dass es nicht infiziert ist. Hieraus ergeben sich insgesamt vier mögliche Situationen. Sie sind in der folgenden Tabelle zusammengestellt:

	Testergebnis	
	«positiv» (der Test hält das Rind für infiziert)	«negativ» (der Test hält das Rind für nicht infiziert)
Rind tatsächlich infiziert	richtig positiv	falsch negativ
Rind tatsächlich nicht infiziert	falsch positiv	richtig negativ

Richtig positiv: Das Tier ist infiziert und der Test kommt richtigerweise auch zu diesem Ergebnis. Hier hat der Test uns auf jeden Fall vor einem infizierten Rinderbraten bewahrt. Es ist aber durchaus fraglich, ob er uns vor noch mehr beschützt hat. Dass von solch einem Wahnsinnsbraten auch Menschen verrückt werden, namentlich an der Creutzfeldt-Jakob-Krankheit erkranken, ist alles andere als nachgewiesen.[1] Man kann lediglich einen Zusammenhang zwischen der Creutzfeldt-Jakob-Krankheit und BSE nicht ausschließen. Aber was besagt das schon. Man kann auch nicht ausschließen, dass es Außerirdische gibt.

Richtig negativ: Das Tier ist gesund und der Test kommt richtigerweise auch zu diesem Ergebnis. Das ist richtig, sehr erwünscht und meistens auch der Fall.

Falsch negativ: Das Tier ist infiziert, aber das Testergebnis ist fälschlicherweise trotzdem negativ. Das Fleisch gelangt trotz Infektion in den Handel. Genau das wollte man mit Hilfe des Tests unbedingt vermeiden.

Falsch positiv: Das Tier ist gesund, aber das Testergebnis ist fälschlicherweise dennoch positiv. Das nicht infizierte Fleisch darf und wird nicht in den Handel gelangen. Für den betroffenen Bauern und seine Tiere hat dieser falsch positive Befund äußerst unangenehme Konsequenzen, von denen sich die Tiere ganz sicher nicht erholen. Sie landen allesamt auf dem Schafott.

---

[1] Vgl. Beck-Bornholdt und Dubben: *Der Hund, der Eier legt – Erkennen von Fehlinformation durch Querdenken*, Reinbek 2001.

Wie bei allen diagnostischen Tests lassen sich auch beim BSE-Test falsche Ergebnisse nicht mit Sicherheit ausschließen. Mit einem positiven BSE-Testergebnis ist noch lange nicht zweifelsfrei bewiesen, dass das Tier tatsächlich infiziert ist. Wie groß ist die Wahrscheinlichkeit, dass das Rind bei positivem Testergebnis tatsächlich infiziert ist? Um diesen so genannten «positiven prädiktiven Wert» berechnen zu können, werden drei Informationen unbedingt benötigt. Zwei davon betreffen die Qualität des Tests.

Erste Information: Von einem guten Test erwarten wir, dass er möglichst alle kranken Tiere als krank erkennt. Die Wahrscheinlichkeit, dass ein infiziertes Tier vom Test richtigerweise für infiziert gehalten wird, nennt man die Sensitivität des Tests.

Zweite Information: Von einem guten Test erwarten wir ferner, dass er möglichst alle gesunden Tiere als gesund erkennt. Die Wahrscheinlichkeit, dass ein nicht infiziertes Rind vom Test richtigerweise als nicht infiziert eingestuft wird, nennt man die Spezifität des Tests.

Dritte Information: Wie wahrscheinlich ist es, dass ein Rindvieh trotz seiner Symptomfreiheit infiziert ist, bevor wir den BSE-Test mit ihm machen? Was wir benötigen, ist die so genannte Inzidenz von BSE bei unauffälligen Rindern in Deutschland.

Sensitivität und Spezifität verschiedener Testverfahren für BSE wurden im Rahmen einer Studie der Europäischen Union ermittelt. Hierzu wurden Proben von 300 infizierten britischen und 1000 gesunden neuseeländischen Rindern an die Test-Labors verschickt. Die Proben der infizierten britischen Rinder stammten von Tieren, die eindeutig BSE-Symptome aufwiesen und bei denen darüber hinaus die histologische Untersuchung des Hirngewebes ergeben hatte, dass die typischen Veränderungen vorlagen. Diese 300 Rinder waren also mit sehr großer Sicherheit tatsächlich krank, noch dazu in sehr fortgeschrittenem Stadium. Die 1000 neuseeländischen Proben wurden als zuverlässig gesund angesehen, da es in Neuseeland zumindest bis zum Zeitpunkt der Untersuchung keinen einzigen Fall von BSE gegeben hatte. Die insgesamt 1300 Proben waren verschlüsselt. Die Aufgabe der Labors bestand darin, sie richtig zu identifizieren.

Das in Deutschland derzeit eingesetzte Verfahren erzielte ein hervorragendes Ergebnis. Alle 300 Proben von den infizierten Rindern wurden richtig positiv eingestuft und alle 1000 Proben von gesunden Rindern wurden richtig negativ eingestuft. Die Wahrscheinlichkeit für richtige Ergebnisse beträgt somit 100 Prozent. Besser geht es nun wirklich nicht, oder?

Das hervorragende Ergebnis kann tatsächlich von einem perfekten Test herrühren. Es besteht aber auch die Möglichkeit, dass ein nicht perfekter Test nur rein zufällig dieses perfekte Ergebnis geliefert hat. Dies wird in der Wissenschaft allgemein und in dem Bericht der Europäischen Union im Besonderen durch die Angabe von so genannten «95-Prozent-Konfidenzintervallen» berücksichtigt.

Für die Sensitivität wird in dem Bericht ein Intervall von einem Prozent angegeben. Das bedeutet im ungünstigen, aber nicht unwahrscheinlichen Fall, dass ein infiziertes Rind nicht mit 100-prozentiger, sondern nur mit 99-prozentiger Wahrscheinlichkeit eine positive Diagnose erhält. Wenn *ein* infiziertes Rind mit 99 Prozent Wahrscheinlichkeit richtig erkannt wird, dann werden *zwei* infizierte Rinder mit einer Sicherheit von $0{,}99 \times 0{,}99 = 0{,}98$ beziehungsweise 98 Prozent *beide* richtig als infiziert diagnostiziert. Und 300 Rinder werden mit $0{,}99^{300} = 0{,}049$ beziehungsweise etwa 5-prozentiger Wahrscheinlichkeit alle richtig als infiziert diagnostiziert. Nochmal im Klartext: Ein nicht perfekter Test mit «nur» 99-prozentiger Sensitivität liefert in einer Untersuchung, die 300 Proben erkrankter Rinder umfasst, mit 5-prozentiger Wahrscheinlichkeit zufällig ein perfektes Ergebnis. Aus einem perfekten Ergebnis können wir also nicht eindeutig schließen, dass auch der Test perfekt ist. Das wird in dem Bericht der Europäischen Union auch nicht getan.

Für die Spezifität wird in dem Bericht der Europäischen Union ein 95-Prozent-Konfidenzintervall von 0,3 Prozent angegeben. Nehmen wir an, die wahre Spezifität betrüge nur noch 100 Prozent − 0,3 Prozent = 99,7 Prozent. Dann erhalten alle 1000 nicht infizierten Rinder mit einer Wahrscheinlichkeit von $0{,}997^{1000} = 0{,}0496$ eine richtig negative Diagnose. Auch hier nochmal im Klartext: Ein nicht perfekter

Test mit «nur» 99,7-prozentiger Sensitivität liefert in einer Untersuchung, die 1000 Proben nicht-infizierter Rinder umfasst, mit 5-prozentiger Wahrscheinlichkeit rein zufällig ein perfektes Ergebnis.

Von einer 100-prozentigen Treffsicherheit des BSE-Tests kann also keine Rede sein. Ein positiv getestetes Rind ist nicht mit Sicherheit infiziert. Ein negativ getestetes Rind ist nicht mit Sicherheit gesund. Neben der Wahrscheinlichkeit für falsch positive und falsch negative Ergebnisse benötigen wir zur Berechnung des positiven prädiktiven Wertes noch die Wahrscheinlichkeit (die Inzidenz) dafür, dass ein unauffälliges deutsches Rind tatsächlich infiziert ist. Wie will man das feststellen? Abwarten, bis es verrückt über die Wiese tanzt? Das ist leider nicht zweckmäßig, denn vorher ist das Rind schon lange in der Wurst, weil Rinder in deutschen Landen nicht zum Spaß gehalten werden. Die Inzidenz ist daher unbekannt. Man bräuchte einen perfekten irrtumsfreien Test, um sie zu bestimmen. Da beißt sich das Rindvieh in den Schwanz, auch ohne wahnsinnig zu sein! Niemand weiß, mit welcher Wahrscheinlichkeit ein symptomfreies deutsches Rind mit BSE infiziert ist. Niemand weiß daher, mit welcher Wahrscheinlichkeit (positiver prädiktiver Wert) ein positives Testergebnis richtig ist.

Laut Mitteilung des Bundesministeriums für Verbraucherschutz, Ernährung und Landwirtschaft wurden im Zeitraum vom 1. Januar 2001 bis zum 30. Juni 2004 in Deutschland insgesamt 9 747 738 Rinder getestet. Innerhalb dieses Zeitraums wurden 331 Fälle von BSE amtlich festgestellt. Das heißt, 331 BSE-Tests fielen positiv aus.

Es ist durchaus denkbar, dass nicht ein einziges der 331 als BSE-positiv getesteten Rinder tatsächlich infiziert war. Unseres Wissens wurden bei keinem deutschen Rind die typischen pathologischen Veränderungen im Gehirn nachgewiesen.

Was ist, wenn alle 331 positiven Ergebnisse falsch sind? Dann gibt es keine richtig positiven Rinder. Das geht nur, wenn entweder die

Sensitivität des Tests gleich null ist und der Test somit unbrauchbar, oder die Inzidenz gleich null ist und der Test somit überflüssig. Jetzt die gute Nachricht: Der Test hatte eine sehr hohe Spezifität. $9\,747\,738 - 331 = 9\,747\,407$ Ergebnisse sind richtig negativ. Die Spezifität beträgt dann $^{9\,747\,407}/_{9\,747\,738} = 0,99997 = 99,997$ Prozent.

Im täglichen Einsatz soll der Test symptomlose Tiere in einem relativ sehr frühen Krankheitsstadium erkennen. Dies ist sicherlich schwieriger als das Erkennen von 300 eindeutig wahnsinnigen Tieren wie in der Untersuchung der Europäischen Union. Ob der Test überhaupt prinzipiell geeignet ist, symptomfreie infizierte Tiere zu erkennen, ist unseres Wissens überhaupt nicht untersucht worden.

Letzte provokative Frage: Ist der BSE-Test vielleicht nur ein teurer, nicht funktionierender Schutz vor einer gar nicht bestehenden Bedrohung?

Und wenn nicht Ihre Kuh, sondern Sie selbst krank sind? So ein trockener Husten seit zwei Nächten und drei Tagen. Gehen Sie zum Allgemeinmediziner, zum Lungenfacharzt, zum Krebsspezialisten? Was ist vernünftig? Sie erfahren es ein paar Seiten weiter.

7. Die Nadel im Heuhaufen
Sinnvolle Diagnostik im Niedrigprävalenzbereich durch Allgemeinmediziner

Der alte Arzt spricht lateinisch,
der junge Arzt englisch.
Der gute Arzt spricht die Sprache des Patienten.

URSULA LEHR

«Heute hatten wir wieder einen Patienten, bei dem die Diagnose viel zu spät gestellt wurde», schimpft Jens, Chefarzt einer Krebsklinik. «Der Hausarzt hat den Tumor monatelang falsch behandelt, weil er dachte, es wäre etwas anderes. Wäre der Patient nur früher zu uns gekommen, dann hätte er jetzt eine bessere Chance.»

Solche und ähnliche Klagen haben wir oft gehört. Die (voreilige) Schlussfolgerung war noch vor einiger Zeit für uns völlig klar: Wenn ich mal ernsthaft krank bin, dann sehe ich zu, möglichst gleich zum Facharzt zu kommen. Hausärzte und Allgemeinmediziner haben, wie der Name schon sagt, vom Speziellen, in diesem Falle Krebs, einfach nicht genug Ahnung. Darum übersehen sie häufig und lange diese Erkrankungen.

Seit einigen Jahren sind wir am Institut für Allgemeinmedizin tätig. Jetzt erreichen uns ganz andere Beschwerden: «Die Patientin ist mit ihren Unterbauchschmerzen zum Gynäkologen gegangen. Der hat alles Mögliche untersucht und auch behandelt. Die Schmerzen wurden aber nicht besser. Daraufhin ist die Patientin zum Urologen. Auch der führte zahlreiche Untersuchungen durch. Gestern hatte ich die Patientin im Notdienst. Diese Spezialisten haben doch alle Scheuklappen auf. Keiner kommt auf die simple Idee, dass sie einfach eine Blinddarmentzündung hatte.»

Wer hat denn nun Recht? Wo sollte man als Patient denn am besten hingehen?

Von den Patienten, die zur Hausärztin gehen, haben vielleicht rund 4 von 1000 eine Krebserkrankung.[1] Nehmen wir einmal an, dass die Hausärztin in der Lage ist, 3 dieser 4 Krebsfälle zu erkennen ($3/4$ = 0,75 oder 75 Prozent richtig positive Diagnosen). Bei den anderen 1000 Patienten vermutet der Hausarzt vielleicht bei zehn ebenfalls Krebs, obwohl diese Patienten keinen Krebs haben ($990/1000$ = 0,99 oder 99 Prozent richtig negative Diagnosen). Insgesamt wird der Hausarzt 13 Patienten zum Spezialisten, zum zuständigen Facharzt schicken.

	Anzahl	Hausärztin diagnostiziert	
		Krebs	Kein Krebs
Patient hat Krebs	4	3	1
Patient ohne Krebs	1000	10	990
Summe	1004	13	991

Von den 13 Patienten, die die Hausärztin zum zuständigen Spezialisten geschickt hat, haben nur 3 tatsächlich Krebs. Die Trefferquote der Hausärztin beträgt folglich $3/13$ = 0,23 oder 23 Prozent.

Der Spezialist hat viele zuweisende Hausärzte. Von den Patienten, die bei ihm im Wartezimmer sitzen, haben 3 von 13 Krebs. Das haben wir ja gerade abgeschätzt. Wenn der Spezialist wie die Hausärztin auch 75 Prozent der tatsächlichen Krebsfälle richtig diagnos-

---

[1] Die in diesem Kapitel angegebenen Zahlen sind grobe Schätzungen. Mit diesen Zahlen wollen wir lediglich das Prinzip erläutern. Sollten Ihnen genauere Zahlen zur Verfügung stehen, so wären wir für eine kurze Mitteilung per E-Mail sehr dankbar: dubben@uke.uni-hamburg.de

tiziert und 99 Prozent derjenigen, die keinen Krebs haben, richtig als krebsfrei erkennt, dann wird seine Trefferquote deutlich höher sein. Wie das kommt, zeigt die folgende Rechnung, die auch in der Tabelle zusammengefasst ist. Von 1300 Patienten, die im Wartezimmer sitzen, haben 300 tatsächlich Krebs. Von diesen erkennt er 75 Prozent richtig, das sind $0,75 \times 300 = 225$. Von den 1000, die krebsfrei sind, erkennt er 99 Prozent richtig, das sind $0,99 \times 1000 = 990$. Nur 10 erhalten eine falsche Krebsdiagnose. Insgesamt bekommen bei so einem Spezialisten 235 Patienten eine Krebsdiagnose, die in 225 Fällen auch korrekt ist. Die Trefferquote des Spezialisten beträgt folglich $^{225}/_{235} = 0,957$ oder etwa 96 Prozent. Dürfte sich der Spezialist auf diese höhere Trefferquote etwas einbilden? Eigentlich nicht, denn er genießt den Vorteil, dass ihm die Hausärzte schon vorselektierte Patienten zuweisen.

Anzahl		Spezialistin diagnostiziert	
		Krebs	Kein Krebs
Patient hat Krebs	300	225	75
Patient ohne Krebs	1000	10	990
Summe	1300	235	1065

Die Überlegung des letzten Absatzes ist rein theoretisch. In Wirklichkeit haben Spezialisten für ihr Fachgebiet eine bessere Ausbildung und auch bessere Geräte als die Allgemeinmediziner. Sie sind im Allgemeinen daher eher in der Lage, Krebserkrankungen zu erkennen. Vielleicht liegt ihre Trefferquote nicht bei 75 Prozent wie bei der Hausärztin, sondern bei 99 Prozent. Das geht aber meist einher mit einem Verlust an Treffsicherheit bei denjenigen, die gar keinen Krebs haben. Nehmen wir einmal an, dass diese Treffsicherheit auf 95 Prozent absinkt. Von 1300 Patienten, die im Wartezimmer sitzen, haben wie vorher 300 tatsächlich Krebs. Von diesen erkennt er 99 Prozent richtig, das sind $0,99 \times 300 = 297$. Nur drei werden irrtümlicherweise als krebsfrei nach Hause geschickt. Von den 1000, die nicht Krebs haben, erkennt er 95 Prozent richtig, das sind 0,95 × 1000 = 950. Nun sind es 50 Patienten, die eine Krebsdiagnose erhalten, obwohl sie keinen Krebs haben. Insgesamt bekommen so beim Spezialisten 347 Patienten eine Krebsdiagnose, die in 297 Fällen auch korrekt ist. Die Trefferquote des Spezialisten beträgt folglich jetzt nur noch $^{297}/_{347}$ = 0,86 oder etwa 86 Prozent.

Anzahl		Spezialistin diagnostiziert	
		Krebs	Kein Krebs
Patient hat Krebs	300	297	3
Patient ohne Krebs	1000	50	950
Summe	1300	347	953

Sollte man bei Krebsverdacht gleich zum Spezialisten gehen? Davon können wir nur abraten. Wenn jeder gleich zum Spezialisten geht, dann erhält der nicht mehr vorselektierte Patienten und seine Trefferquote geht tief in den Keller. Wie ganz zu Anfang beim Hausarzt haben dann nur 4 von rund 1000 Patienten tatsächlich Krebs. Die 4, die tatsächlich erkrankt sind, wird er auch richtig erkennen. Aber von den 1000, die nicht Krebs haben, wird er 50 für krebskrank halten. Von seinen 54 Krebsdiagnosen wären plötzlich nur noch 4 richtig, entsprechend $^{4}/_{54}$ = 0,07 oder 7 Prozent. Da ist man beim Hausarzt viel besser aufgehoben.

Anzahl		Hausärztin diagnostiziert	
		Krebs	Kein Krebs
Patient hat Krebs	4	4	0
Patient ohne Krebs	1000	50	950
Summe	1004	54	950

Spezialisten sind nicht darauf eingestellt, Diagnosen im so genannten «Niedrigprävalenzbereich» zu stellen. Das ist die Domäne der

Allgemeinmediziner. Symptome in einer bestimmten Körperregion können ihre Ursache an ganz anderer Stelle haben. Der Spezialist sieht aber meist nur «seine» Organe. Der Hausarzt sieht den ganzen Patienten und häufig kennen sich Arzt und Patient schon länger. Dadurch ist der Hausarzt am ehesten in der Lage, einen fundierten Krankheitsverdacht zu haben, der dann vom Spezialisten abgeklärt wird. Zunächst muss der Allgemeinmediziner die Nadel im Heuhaufen finden. Erst dann kann der Spezialist unterscheiden zwischen Näh- und Stecknadeln. Beide Ärzte sind wichtig. Und die Reihenfolge ist wichtig: erst Allgemeinmediziner, dann Spezialist.

Allgemeinmediziner sind die Lotsen in unserem Gesundheitssystem. Aufgrund der Vergütungsmodalitäten und des geringeren Ansehens nimmt der Anteil der Hausärzte in Deutschland allerdings kontinuierlich ab.

Vielleicht fragen Sie sich jetzt, wie man am schnellsten zum Hausarzt kommt. Auf dem Weg dorthin haben Sie Glück und sparen viel Zeit, weil die Hauptstraße gesperrt ist. Wie das geht, erfahren Sie im nächsten Kapitel.

8. Mehr Stau durch mehr Straßen
Das Braess'sche Paradoxon

Minder ist oft mehr.

CHRISTOPH MARTIN WIELAND

Syldavien ist voller Geheimnisse. Dort sind nicht nur Surelock Humps und Dr. Wattschon zu Hause, sondern es ist auch die Heimat der attraktiven und unschlagbaren Anwältin Vera Priori und der wohlschmeckenden Leckerelle.[1] Eine weitere berichtenswerte Eigentümlichkeit Syldaviens ist die Verkehrsregelung bei hohem Verkehrsaufkommen. In der Hauptstadt Syldenna wird jeden Tag mit der größten Selbstverständlichkeit ausgerechnet zur Hauptverkehrszeit die Stadtautobahn komplett gesperrt. Die sonst durchaus temperamentvollen Syldavier quälen sich dann ohne zu murren durch die schmalen Straßen. Behördlich angeordneter Unsinn? Keineswegs! Es ist sehr von Vorteil für die Syldavier. Alle kommen dadurch schneller nach Hause.

Dieses seltsam anmutende Vorgehen hatte seinen Ursprung im Syttin, einer schönen, aber etwas entlegenen Region Syldaviens. Dort liegen die Stadt Paradochia und weit außerhalb im Norden das große Syttiner Chemiewerk (siehe Karte). Fast alle Angestellten wohnen in Paradochia. Von der Stadt führen zwei Straßen zum Werk: die Ostroute, die in das Osttor des Werks mündet, und die Westroute, die ins Westtor mündet.

---

[1] Vgl. Beck-Bornholdt und Dubben: *Der Schein der Weisen*, Reinbek 2003.

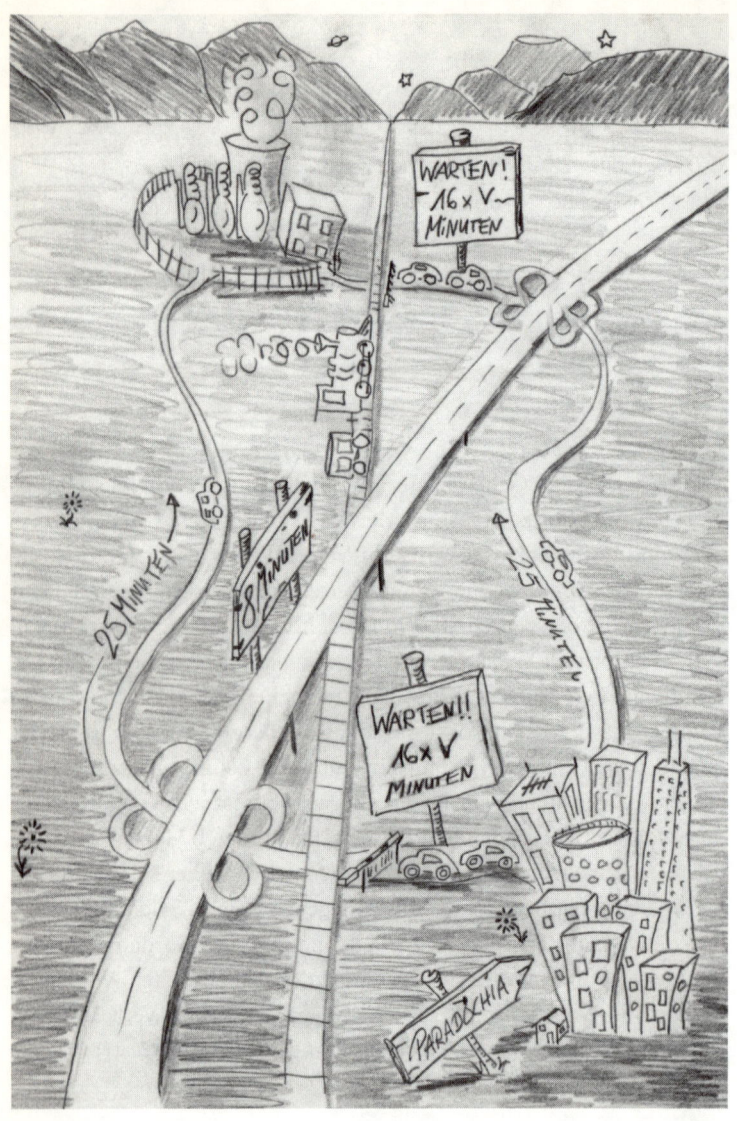

Mehr Straßen, mehr Stau! Das Braess'sche Paradoxon plagt den syldavischen Straßenverkehr und den gesunden Menschenverstand. Aber Verkehrsministerin Imma Schnälla findet eine pragmatische Lösung.

Beide Strecken sind gleichermaßen gut ausgebaut und erfordern in etwa die gleiche Fahrzeit. Und beide Strecken haben das gleiche Hindernis, die Bahnstrecke, die Syldenna mit dem Syllikon-Tal verbindet, der geschäftigen Industrieregion Syldaviens. Hier ist immer viel los. Die Westroute kreuzt den Bahndamm nahe Paradochia, die Ostroute kreuzt ihn erst kurz vor dem Chemiewerk. Je nachdem, wie viel Verkehr ist, bilden sich lange Staus an den Bahndämmen, da bei offener Schranke immer nur eine bestimmte Anzahl Autos passieren kann. Es gibt keinen Grund, die eine oder andere Strecke zu bevorzugen. Daher fährt die eine Hälfte der Belegschaft westlich und die andere östlich zur Arbeit. Auf der Westroute (erst warten, dann starten) werden zur Hauptverkehrszeit für die Überquerung des Bahndamms 8 Minuten benötigt, plus 25 Minuten Fahrzeit zum Werk, macht zusammen 33 Minuten. Auf der Ostroute ist es andersrum (erst starten, dann warten). Die Gesamtfahrzeit ist die gleiche. Jeden Tag, jahraus, jahrein.

Vor 20 Jahren wurde die transsyldavische Autobahn gebaut. Da war die Aufregung in Paradochia groß. Viele waren dagegen. «Da wird doch nur unsere Landschaft verschandelt!», «Rettet das schöne Syttin!», «Da haben wir nichts von. Wie mit der Eisenbahn. Die fährt hier durch, wir müssen warten, aber sie hält hier nirgends», «Syttin den Syttinern!» Der syldavischen Verkehrsministerin Imma Schnälla gelang es, den Unmut der Syttiner in Begeisterung zu verwandeln. Sie sagte kurzerhand zwei Autobahnauffahrten beim Chemiewerk und bei Paradochia zu. Die Trasse sollte unmittelbar an der Fabrik und an Paradochia vorbeiführen. «Hurra, der Fortschritt zieht ein in Paradochia!» Die Fahrzeit zwischen den beiden Anschlussstellen sollte nur 8 Minuten betragen. Da sich Autobahn und Bahndamm kreuzten (siehe Karte), muss man nun zwar zweimal an der Schranke warten, aber insgesamt würde man nur noch 8 + 8 + 8 = 24 Minuten für den Arbeitsweg benötigen. 9 Minuten gespart! Oder?

Nach Eröffnung der Autobahn nahmen alle den neuen Weg zum Chemiewerk. Und siehe da ... sie kamen alle zu spät. Aus Begeisterung wurde wieder Unmut. Sie brauchten länger als vorher, nämlich 40 Minuten, weil sie jetzt an zwei Bahndämmen warten mussten und noch dazu an jedem doppelt so lang. Insgesamt brauchten sie 16 + 8 + 16 = 40 Minuten, um zur Arbeit zu kommen.

In den folgenden Tagen fuhren einige die alte Strecke, aber sie benötigten dafür noch länger, 16 Minuten am Bahndamm und 25 auf der Landstraße, zusammen also 16 + 25 = 41 Minuten. Sie fuhren dann beim nächsten Mal doch wieder über die Autobahn. Manche versuchten die Staus vollständig zu umgehen. Sie fuhren vom Werk über die Westroute bis zur Anschlussstelle bei Paradochia, dann die Autobahn in Richtung Norden und schließlich von der Anschlussstelle beim Chemiewerk zurück zur Stadt über die Ostroute. Das dauerte 25 + 8 + 25 = 58 Minuten und war die schlechteste Lösung von allen. Die beste Lösung war wirklich die Fahrt über die Autobahn, und die war schlechter als die zu Zeiten ohne Autobahn. Das hat niemand verstanden.

Ratlosigkeit und Frustration machten sich breit. Nur die wenigen, die nachts oder an den Wochenenden arbeiten mussten, waren zufrieden. Ihre Fahrzeit war nun pro Arbeitstag knapp eine Stunde geringer. Auch der Unfallwagen kam – außerhalb der Hauptverkehrszeit – viel schneller durch.

Der Betriebsrat des Chemiewerks nahm sich der Sache an und forderte dazu auf, die Autobahn nicht zu benutzen. Fast alle richteten sich tatsächlich danach und kamen wieder schneller zur Arbeit und nach Hause. Einige wenige hielten sich nicht an den Appell und schafften die Strecke nun tatsächlich in ungefähr den ursprünglich erträumten 8 + 8 + 8 = 24 Minuten. Den anderen blieb das nicht verborgen, sodass jeden Tag mehr Beschäftigte wieder die Autobahn benutzten. Dadurch verlängerten sich nach und nach wieder die Fahrzeiten, und zwar auf allen Strecken. Wenig später nahmen wieder alle die Autobahn, hatten 40 Minuten Fahrzeit, waren wieder ratlos und schimpften lauthals gegen diesen Fortschritt.

Das Schimpfen drang bis zu Imma Schnälla vor, und die Verkehrsministerin sah sich gezwungen, eine Untersuchungskommission einzusetzen. Wissenschaftler und Ingenieure rückten an, um das Phänomen zu untersuchen. Nichts war paranormal. Insbesondere wurde auch keine Zeitschleife gefunden, in die man unversehens hätte geraten können. Der Verkehrstechniker Dr.-Ing. Messma machte eine wichtige empirische neue Feststellung, die für die beiden Syttiner Schrankenwärter überhaupt nicht neu war.

«Sehr geehrte Frau Ministerin, die Wartezeit am Bahndamm nimmt mit dem Verkehrsaufkommen zu. Und zwar in guter Näherung nach dieser Formel:

$$Wartezeit \ (in \ Minuten) = 16 \times V$$

Dabei steht ‹V› für das Verkehrsaufkommen, angegeben als Anteil an allen Beschäftigten im Chemiewerk. Ein Beispiel: Wenn alle Beschäftigten über denselben Bahnübergang wollen, dann ist das Verkehrsaufkommen gleich 1 und die Wartezeit beträgt $16 \times 1 = 16$ Minuten für jeden Einzelnen. Will nur die Hälfte über den Damm, dann ist das Verkehrsaufkommen gleich 0,5 und die Wartezeit beträgt $16 \times 0,5 = 8$ Minuten.»

«Ä ... Dies kann ... Ä ... theoretisch damit erklärt werden», meldet sich ein Wissenschaftler der Kommission zu Wort, «dass jeder Autofahrer bis zum ... Ä ... Anfahren eine gewisse Reaktionszeit verstreichen lässt, die sich bei mehreren beteiligten ... Ä ... Fahrzeugen entsprechend addiert. ... Ä ... Die Reaktion auf das Öffnen der Schranke bewegt sich wie eine Longitudinalwelle ... [Die Ministerin überlegt, ob ihr Mann wohl daran gedacht hat, den Herd auszumachen] ... Erhöhen der Geschwindigkeit auch ein ... Ä ... zunehmender Sicherheitsabstand ... [die Ministerin nickt ein] ... Verkehrsdichten können wir derzeit keine ... Ä ... ... Ä ... verlässlichen Angaben ... [Autos rosten auf der Straße] ... die Witterungsverhältnisse ... Ä [2] ... und ...»

---

[2] Das Thema «Ä» wurde erschöpfend von Max Goldt in seinem empfehlenswerten gleichnamigen Werk (Reinbek 2003) abgehandelt.

«Ä, sehr interessant», unterbricht Imma Schnälla feinfühlig den Wissenschaftler. «Wenn ich Sie richtig verstanden habe, sagten Sie: mehr Autos, mehr Stau. Und das erfordert meines Erachtens mehr Straßen. Ihre Formel erklärt doch nicht die Verrücktheiten im Syttin, oder?»

«O doch. Es ist eigentlich ganz einfach», holt der Ingenieur aus, «wir sollten uns ein paar Beispiele ansehen. Vor dem Bau der Autobahn fuhr die eine Hälfte westlich, die andere östlich zur Arbeit. Das macht also 16 × 0,5 Minuten = 8 Minuten für das Überqueren plus 25 Minuten Fahrzeit, macht 33 Minuten. Das gilt für beide Wege, Ost und West.[3] Wenn alle die Autobahn benutzen, dann müssen sie zweimal über den Bahndamm und jedes Mal verlieren sie 16 × 1 Minuten = 16 Minuten im Stau. Also sind die Autos 16 + 8 + 16 Minuten = 40 Minuten unterwegs. Die angegebenen Zeiten sind natürlich Durchschnittswerte. Je nachdem, ob man bei der offenen Schranke gerade noch mit durchrutscht oder ob man gerade nicht mehr durchkommt, variiert die Wartezeit ein bisschen.»

«Hmmm! Verstehe! Es geht paradox zu im Syttin», stellt die Verkehrsministerin fest, «aber wir können deshalb kein Teilstück aus der transsyldavischen Autobahn herausnehmen. Das ist jetzt schließlich unsere Verkehrshauptschlagader.»

«Das wäre wohl auch zu viel des Guten. Man könnte den Anteil der Autobahnnutzer regulieren, indem man Mautgebühren einführt. Die müsste dann aber so hoch sein, dass höchstens 10 Prozent der Beschäftigten sich die Autobahn leisten können.»

---

[3] Nun wird auch klar, weshalb vor dem Bau der Autobahn immer etwa die Hälfte linksherum und die andere rechtsherum gefahren ist. Sollte es sich einmal eingeschlichen haben, dass auf der einen Strecke mehr Autos fuhren, wurde die Fahrzeit auf diesem Weg länger und auf dem anderen kürzer. Wenn 60 Prozent den westlichen und 40 Prozent den östlichen Weg wählen, dann beträgt die Fahrzeit West 16 × 0,6 + 25 = 34,6 Minuten. Die Fahrzeit Ost ist dann 16 × 0,4 + 25 = 31,4 Minuten. Weil sich das herumspricht, dauert es nie lange, bis das Gleichgewicht wieder hergestellt ist.

«Nun, gut, das bringt Geld in die Kasse. Aber was bringt es noch?»

«Nun, wenn 10 Prozent die Autobahn nehmen und die anderen 90 Prozent sich gleichmäßig auf die Ost- und die Weststrecke aufteilen und alle Autobahnnutzer naheliegenderweise das Osttor benutzen, beträgt der Verkehrsfluss dort $^{90}/_2 + 10 = 55$ Prozent oder 0,55. Die Wartezeit beträgt damit $16 \times 0,55 = 8,8$ Minuten. Analoges ergibt sich für den Bahnübergang bei Paradochia. Damit beträgt die Gesamtfahrzeit über die Autobahnstrecke $8,8 + 8 + 8,8 = 25,6$ Minuten. Das ist immerhin eine spürbare Fahrzeitersparnis von einer Viertelstunde pro Arbeitstag.»[4]

«Dann wählen mich im Syttin aber nur noch diese 10 Prozent», wendet Imma Schnälla ein. «Es dürfte gern etwas mehr sein, so etwas mehr als 50 Prozent. Das reicht schon.»

«Geht leider nicht, Frau Ministerin. Wenn 50 Prozent die Autobahn fahren und sich die restlichen 50 Prozent wieder gleichmäßig auf die Ost- und die Weststrecke aufteilen, dann haben wir folgende Situation: Alle Autobahnbenutzer müssen durchs Osttor. Dadurch beträgt der Verkehrsfluss dort $^{50}/_2 + 50 = 75$ Prozent $= 0,75$. Die Wartezeit beträgt damit $16 \times 0,75 = 12$ Minuten. Analoges ergibt sich für den Bahnübergang bei Paradochia. Damit beträgt die Gesamtfahrzeit für die Autobahnbenutzer: $12 + 8 + 12 = 32$ Minuten. Diese Zeitersparnis von einer Minute ist aber nicht der Rede wert. Dafür zahlt niemand eine Mautgebühr.»

«Ja, das sehe ich ein», erwidert die Verkehrministerin. «Mautgebühren sind sowieso ein schwieriges Unterfangen. Welch ein Aufwand, sie zu kassieren. Und der politische Schaden … gar nicht auszudenken. Ich will doch wiedergewählt werden. Einen richtigen Vorteil bringt die Autobahn offenbar nur, wenn sehr wenige Fahr-

---

[4] Die Fahrzeit für diejenigen, die nicht die Autobahn benutzen, erhöht sich dadurch auf $8,8 + 25 = 33,8$ Minuten. Das ist aber so wenig, dass es vielleicht keiner merkt.

zeuge unterwegs sind. Dann hat man, theoretisch[5], keine Wartezeit an den Bahndämmen und braucht nur 8 Minuten statt 25 Minuten von Paradochia zum Werk. – Also werde ich die Syttiner folgendermaßen beglücken: Zur Hauptverkehrszeit wird die nördliche Autobahnauffahrt nach Süden gesperrt und die südliche nach Norden. Nur Krankenwagen dürfen passieren. Damit bleibt Paradochia über die transsyldavische Autobahn mit Syldavien verbunden und spart gleichzeitig Zeit im regionalen Verkehr.»

Diese Geschehnisse waren durch die gesamte syldavische Presse gegangen und hatten einiges Aufsehen erregt. Dr.-Ing. Messmas Kommission war lange beschäftigt. Vielerorts wurde geprüft, ob die Sperrung von Teilstrecken während der Hauptverkehrszeiten sich positiv auf die Fahrzeiten auswirkt.[6] Einige derartige Stellen wurden gefunden. So auch die Stadtautobahn in Syldenna.

Im Grunde ist die Verlängerung der Fahrzeit bei Eröffnung eines zusätzlichen Weges nicht wirklich paradox. Es kommt uns nur so vor. Unsere Wenn-dann-Logik versagt leicht, wenn es sich nicht um lineare, sondern um vernetzte Prozesse handelt. Im wirklichen Leben ist aber nur selten etwas linear. Das meiste ist vernetzt. Zusätzliche Wege werden von uns immer als Gewinn gebucht. Sie werden gefeiert – nicht nur beim Verkehr. Es wäre sinnvoll, vor dem Bau neuer Wege genau zu prüfen, ob diese nicht zu einer Verschlechterung führen.

---

5 Nach oben genannter empirischer Formel ist die Wartezeit gleich null. Tatsächlich ist sie länger, denn die Schranken könnten ja auch für vereinzelte Fahrer mal geschlossen sein. Die Beschäftigten des Chemiewerks kennen aber den Zugfahrplan und erwischen immer die Lücke zwischen zwei Zügen. Ihre Wartezeit ist also tatsächlich gleich null.

6 Die hier dargestellte Geschichte basiert auf dem Braess'schen Paradoxon (Braess, D.: Über ein Paradoxon aus der Verkehrsplanung. *Unternehmensforschung* 12: 258–268, 1969). Dietrich Braess lehrt an der Fakultät für Mathematik der Ruhr-Universität Bochum.

Das nächste Kapitel gibt vielleicht einen kleinen Einblick, wie man in Syldavien und anderswo Verkehrsministerin werden kann. Zuvor können Sie sich in den Übungsaufgaben vom Vorteil einer Autobahnbaustelle überzeugen.

Übungsaufgaben

Aufgabe 1: Auf der Autobahn ist eine Baustelle. Dadurch verlängert sich die Fahrzeit von 8 auf 17 Minuten. Die Polizei verzichtet auf die Sperrung während der Hauptverkehrszeiten. Frage: Wie lange benötigen die Beschäftigten des Chemiewerks für die Fahrt und welche Strecke wählen wie viele von ihnen?

Aufgabe 2: Und wenn sich die Fahrzeit von 8 auf 14,3 Minuten verlängert?

Aufgabe 3: Und wenn die Baustelle auf der Autobahn die Fahrzeit von 8 auf 16 Minuten verlängert?

Die Lösungen der Aufgaben finden Sie auf Seite 191 f.

9. Die Demokratur der Salamander
Das Will-Rogers-Phänomen

Fortschritt besteht nicht darin,
dass wir in einer bestimmten Richtung unendlich weiterlaufen,
sondern dass wir einen Platz finden,
auf dem wir wieder eine Zeit lang stehen bleiben können.

GILBERT K. CHESTERTON

Beschleunigte Alterung in der Schule

«So, Jungs!», ruft Paula, die Mathematiklehrerin des Gymnasiums, ihren Kollegen zu. «Ich wäre nie darauf gekommen, dass ihr auf der Sportlehrer-Fachkonferenz die Bundesligaergebnisse des letzten Wochenendes besprecht. Dafür würde ich ja nicht zwei Stunden nach Schulschluss hier herumsitzen. Aber macht ruhig weiter, ich verlass euch jetzt. Eine muss ja die Arbeit machen. Aber denkt daran: Während ich unterrichte, werden wir im Mittel ganz schön alt aussehen an dieser Schule, genau genommen 5 Jahre älter», ruft Paula ihren drei Kollegen zu. Die drei Sportler blicken ertappt, verständnislos und vorsichtig Richtung Paula.

«Wahrscheinlich hast du Recht ...», sagt Eugen.

«... aber weil wir es nicht verstanden haben ...», ergänzt Lothar.

«... werden wir hier auf deine Erklärung warten!», beendet Jürgen den Satz. «Und viel Spaß bei deinen Überfliegern!», ruft er Paula hinterher.

Paula gibt eine Förderstunde für die drei hochbegabten Kinder, die die siebte Klasse übersprungen haben. Mit dem Stoff, den sie nachholen müssen, sind sie schnell fertig geworden. Mit so klugen Kindern macht Paula das Unterrichten viel mehr Spaß. Für die verbleibenden vier Förderstunden in Mathematik hat sie sich daher ein paar kleine Denkleckerbissen herausgesucht. Heute ist das Will-Rogers-Phänomen dran.

«Guten Tag!»

«G-u-t-e-n T-a-g, F-r-a-u K-a-h-l-m-e-y-e-r!»

«Ich werde heute mit euch das Will-Rogers-Phänomen durchnehmen. Will Rogers war ein amerikanischer Komiker. Das wird euch gefallen! Also: Ich bin 30 Jahre alt und habe während der Pause im Lehrerzimmer mit drei Kollegen gesessen, die alle 50 Jahre alt sind. Wie alt waren wir im Mittel?[1]»

Neele kritzelt sofort die Zahlen aufs Papier und rechnet, Jannis versucht es im Kopf und Milena schaut aus dem Fenster. Nach wenigen Sekunden sind zwei Arme oben.

«Milena?» Milena wendet ihren Blick vom Fenster und sagt ganz gelassen und betont langsam: «45.»

«Richtig, wie hast du es ausgerechnet?»

«50 + 50 + 50 + 30 sind 180, durch vier, macht 45 Jahre.»

«Erstaunlich, was du so alles schaffst, während du aus dem Fenster schaust», lächelt Paula.

«Wann kommt der Komiker?», will Jannis wissen.

«Später ... Hier sind schon genug Komiker in der Klasse. – Wie alt seid ihr?»

«Zehn!»

«Zehn!»

«Zehn!»

«Sehr schön. Ihr drei wart während der Pause hier im Klassenraum. Wie alt wart ihr im Mittel?» Drei Arme sind sofort oben.

---

[1] Liebe Eltern! Die Kinder in dieser Geschichte sind deshalb so oberhochintelligent und können schon mit 10 Jahren Mittelwerte ausrechnen, weil der jüngere der Autoren dieses Buches es für übersichtlicher hielt, in den Tabellen nicht so schräge Zahlen wie 13 zu haben. Das sei so schwierig, davon Mittelwerte zu berechnen.

«Jannis?»

«Drei mal zehn durch drei ist zehn. – Und der Komiker?»

«Also, während der Pause betrug das mittlere Alter hier 10 Jahre. Wie sieht das jetzt im Augenblick aus?» Jannis beschäftigt sich mit einer Fliege auf seinem Pult, während Neele schreibt und Milena aus dem Fenster schaut.

«Jannis?» Jannis spielt weiter mit der Fliege: «Durch Sie sind wir ganz schön alt geworden: 10 + 10 + 10 + 30 sind 60, durch vier, macht im Mittel 15 Jahre für jeden!»

«Und wie ist jetzt das Durchschnittsalter im Lehrerzimmer, Neele?»

«Natürlich 50.»

«Fällt dir was auf?»

«Ja! Sie brauchen ungefähr eine Minute vom Lehrerzimmer hierher. Und während dieser Minute sind die im Lehrerzimmer im Mittel 5 Jahre älter geworden und die im Klassenzimmer auch. Das ist schon komisch?!», gluckst Neele.

Was da passiert ist und was die Beteiligten für ein Gesicht dabei machten, sieht ungefähr so aus:

Paula (30) im Lehrerzimmer

Durchschnittsalter 10 Jahre

Durchschnittsalter 45 Jahre

Paula (30) im Klassenzimmer

Klassenzimmer

Durchschnittsalter 15 Jahre

Lehrerzimmer

Durchschnittsalter 50 Jahre

Das Will-Rogers-Phänomen in der Schule. Paula wechselt vom Lehrerzimmer ins Klassen-zimmer und plötzlich sind alle im Mittel um 5 Jahre gealtert.

Alter der Personen

	Klassenzimmer				Lehrerzimmer			
Pause:	10	10	10		30	50	50	50
Stunde:	10	10	10	30		50	50	50
Mittleres Alter								
Paula im Lehrerzimmer		10				45		
Paula in der Klasse		15				50		
Veränderung		+5				+5		

In Zahlen ist der Vorgang der schnellen Alterung in der Tabelle fest-gehalten. Den Rest der Stunde verbringt Paula damit, den fröhlichen Kindern zahlreiche Beispiele für das Will-Rogers-Phänomen aus dem

Alltag zu erzählen. Da geht es um Wahlen und Wahlkreise, die Heilung von Krebs und um Geschäftsführer von Ketten mit mehreren Filialen.[2]

Dasselbe versuchte Paula nach der Stunde ihren nachfragenden Kollegen zu erzählen. Nach dem ersten Schrecken über die schnelle Alterung waren diese dann doch sehr erleichtert, dass sie jetzt im Mittel wieder 45 Jahre jung waren, weil Paula da war. Eugen wurde endlich klar, weshalb er sich in Paulas Gegenwart immer so jung fühlte. Jürgen konnte dem Ganzen dann auch noch etwas hinzufügen. Er hatte früher als Physiker in einer Strahlentherapieabteilung gearbeitet, bevor er es vorzog, in den Schuldienst zu wechseln.

«In der Klinik muss man immer kontrollieren, ob die Therapie, die man den Patienten anbietet, auch über Jahre hinweg nicht an Qualität verliert. Man muss dazu die Therapieerfolge, die man z. B. an Patienten dieses Jahres erzielt hat, mit den Erfolgen eines zurückliegenden Zeitraumes vergleichen. Das ist natürlich sowieso immer eine heikle Sache, auf diese Art Therapieergebnisse zu vergleichen. Mit der Zeit verändern sich die Patientenkollektive, denn die Patienten von 2000 haben eine andere Lebensweise als die von 1980. Sie ernähren sich anders. Die Frauen rauchen jetzt mehr als früher, die Männer weniger. Und nebenbei verändern sich auch noch die diagnostischen Möglichkeiten. Irgendwelche kleinen Tumore oder kleinen Metastasen, die man z. B. vor 20 Jahren sehr wahrscheinlich übersehen hat, kann man mit den heutigen Verfahren viel besser nachweisen. So, nun aber zu meiner Abbildung. Die RTOG, ein amerikanischer Verband von Strahlentherapeuten, führt laufend Studien durch. Im Jahr 2000 haben sie eine Auswertung ihrer seit 1979 im Prinzip unveränderten Standardtherapie publiziert. Der Erfolg der Therapie, hier angegeben als die so genannte lokale Heilungsrate[3], ist

---

2 Vgl. Beck-Bornholdt und Dubben: *Der Hund, der Eier legt* und *Der Schein der Weisen*, Reinbek 2004.

3 Genau genommen handelt es sich um die so genannte lokoregionäre Tumorkontrolle. Sie bedeutet, dass der Tumor und in benachbartem Gewebe (insbesondere Lymph-

in den letzten 20 Jahren ständig angestiegen, schreiben die Autoren. Deren Daten sind in der Abbildung zu sehen.»

«Mein lieber Jürgen, ich bin zwar nur eine arme kleine Mathematiklehrerin, aber diese Abbildung stinkt doch nach'm Hund! Warum sind denn die Zeiträume, für die die Säulen stehen, unterschiedlich lang, mal 4, mal 3, mal 6 Jahre? Und der Zeitraum 1984–1987 fehlt völlig! Waren da die Daten nicht schön genug? Gab es keine Patienten?»

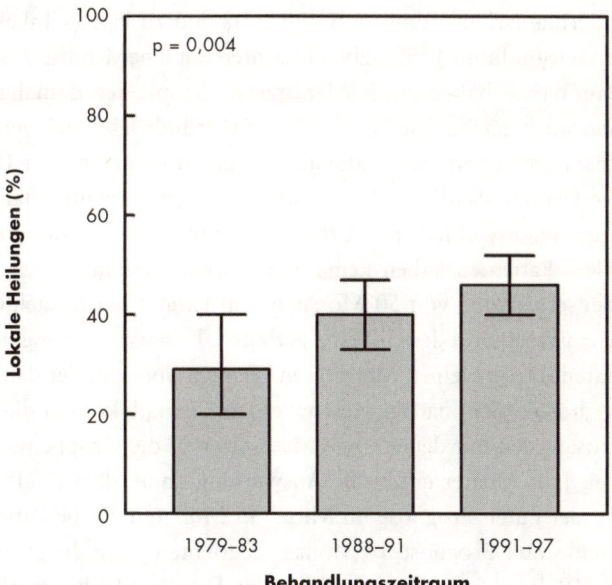

Lokale Heilungsrate der jeweiligen Standardtherapie (70 Gy, 5f/w, 7w) in randomisierten Studien der RTOG.[4] Fehlerbalken: 95 % Vertrauensbereich.

---

knoten) befindliche Tumorzellen durch die Bestrahlung vernichtet wurden oder zumindest so weit dezimiert wurden, dass sie nicht mehr nachweisbar sind.

[4] Daten aus Fu, K. K., Pajak, T. F., Trotti, A. et al.: A Radiation Therapy Oncology Group (RTOG) phase III randomized study to compare hyperfractionation and two variants of accelerated fractionation to standard-fractionation radiotherapy for head and neck squamous cell carcinomas: First report of RTOG 9003. *Int J Radiat Oncol Biol Phys* 48: 7–16, 2000.

«Gut gesehen, Paula. Du hast völlig Recht und ich kann deine Fragen nicht beantworten. Das sind die Daten, mit denen die RTOG hausieren geht. Mehr weiß ich nicht. Ich finde auch, dass diese Daten nur dadurch bemerkenswert sind, dass man sie trotz ihrer offensichtlichen Armseligkeit in *dem* führenden Fachblatt für Radioonkologen publizieren kann. Aber nehmen wir die Daten und die damit verknüpfte Aussage, dass die Therapie immer besser wird, mal ungeachtet Paulas Kritik als gegeben hin und kehren zurück zu dem absichtlichen amerikanischen Komiker Will Rogers und zu Paulas Tabelle. Da haben wir im Jahre 1990 sieben Patienten mit einer Krebserkrankung. Drei davon haben große Metastasen, die mit den damaligen Methoden auch nachgewiesen wurden. Aufgrund des Nachweises der Metastasen kamen diese Patienten bei der Auswertung der Daten in die Gruppe ‹Schlechte Prognose›. Diese drei Patienten haben jeweils eine noch verbleibende Lebenserwartung von 10 Monaten. Drei andere Patienten haben keine Metastasen. Deshalb haben sie eine Lebenserwartung von 50 Monaten. Ein Patient hat tatsächlich kleine Metastasen und deshalb eine geringere Lebenserwartung von 30 Monaten. Diese kleinen Metastasen konnten aber mit der damaligen Diagnostik nicht nachgewiesen werden. Deshalb kommt dieser Patient zusammen mit denen ohne Metastasen in die Gruppe ‹Gute Prognose›. Jahre später ergibt die Auswertung dann, dass die Patienten mit der guten Prognose im Mittel 45 Monate und die Patienten mit schlechter Prognose 10 Monate überlebten. Nun die gleiche Situation 10 Jahre später mit verbesserter Diagnostik. Es ist alles exakt wie vorher, mit der Ausnahme, dass die kleinen Metastasen nun nachgewiesen werden und der Patient aufgrund des Nachweises in die schlechte Prognosegruppe kommt. Die Auswertung der Daten Jahre später ergibt dann, dass die Patienten nun im Mittel 50 bzw. 15 Monate Lebenserwartung hatten. Also eine Verbesserung um 5 Monate im Vergleich zu 1990, obwohl kein einziger Patient länger lebte als in dem vorherigen Beispiel.»

«Und das nur, weil ein Patient die Gruppe wechselt», stellt Paula fest.

«Diese Gruppeneinteilung erfolgte nach dem Stadium *(stage)* der Erkrankung. Deshalb heißt das Ganze auch *Stage migration*, eben weil Patienten auf Wanderschaft gehen, von einem Stadium zu einem höheren mit schlechterer Prognose.»

	Große Metastasen			Kleine Metastasen			Keine Metastasen		
Verteilung der Überlebenszeiten									
	Schlechte Prognose					Gute Prognose			
1990:	10	10	10			30	50	50	50
2000:	10	10	10	30			50	50	50
Mittlere Überlebenszeit									
1990:		10					45		
2000:		15					50		
Veränderung:		+5 (50%)					+5 (11%)		

Tabelle: Will Rogers und klinische Studien = Stage migration. Alles wird besser, obwohl sich nichts verändert.

«Es wird besser, obwohl sich nichts ändert!?», staunt Eugen.

«Kann es auch besser werden, obwohl es eigentlich schlechter wird?», will Lothar wissen, «das wäre ja noch schlimmer, weil niemand auf die Idee käme, die Bremse zu ziehen.»

«Ja, das geht», meint Jürgen, «da müssen wir nur in der einen Zeile ein paar Zahlen ändern. Alle im Jahr 2000 behandelten Patienten leben jetzt tatsächlich einen Monat weniger als die Patienten von 1990. Trotzdem ergibt die Auswertung, dass in beiden Prognosegruppen die Lebenserwartung um 4 Monate ansteigt.»

«Genau so ist es. Wenn die Therapie sich nicht verändert, aber die Diagnostik verbessert wird, dann scheinen die Therapieergebnisse in allen Stadien besser zu werden.»

	Große Metastasen			Kleine Metastasen		Keine Metastasen		
Verteilung der Überlebenszeiten								
	Schlechte Prognose				Gute Prognose			
1990:	10	10	10		30	50	50	50
2000:	9	9	9	29		49	49	49
Mittlere Überlebenszeit								
1990:	10				45			
2000:	14				49			
Veränderung:	+4 (40 %)				+4 (9 %)			

Tabelle: Will Rogers und klinische Studien. Alles wird besser, obwohl es schlechter wird.

Haben Sie das Zeug für eine politische Karriere?

Das Will-Rogers-Phänomen spielt auch bei demokratischen Wahlen eine entscheidende Rolle. So wird bei Mehrheitswahlen für jeden Wahlkreis ein Abgeordneter gewählt. Daher spielt es zunächst eine große Rolle, ob alle Wahlkreise gleich viele Wahlberechtigte haben. Wenn es hier größere Ungleichgewichte gibt, dann zählen die Stimmen der Wähler in den kleineren Wahlkreisen mehr als in den großen Wahlkreisen. Dieses Problem lässt sich relativ einfach objektiv lösen. Ungleich schwieriger ist jedoch das Problem, das sich daraus ergibt, dass der Zuschnitt der Wahlkreise einen entscheidenden Einfluss auf das Wahlergebnis haben kann. Dies veranschaulicht das folgende Beispiel aus Syldavien.

Im gut gekühlten Norden Syldaviens liegt die Provinz Syldirien. Hier herrscht acht Monate im Jahr Winter. Die restlichen Monate verteilen sich auf einen kurzen Frühling und einen langen Herbst. Ein quadratisches Areal von etwa 10 000 Quadratkilometern der syldirischen Tundra wurde zum Naturschutzgebiet erklärt. Das Gebiet wurde in 9 × 9 Planquadrate unterteilt. Für jedes Planquadrat ist ein Ranger zuständig. Er ist mit dem Naturschutz betraut und muss das Gebiet durchstreifen und beobachten. Die Ranger sollen aus ihrer Mitte einen Nationalparkdirektor wählen. Der Wahlmodus sieht vor, dass jeweils 9 benachbarte Ranger einen Sprecher wählen und die Versammlung der Sprecher dann den Direktor wählt.

Zur Wahl haben sich zwei Kandidaten gestellt: Ynge und Ottokar. Ynge hat einen Plan gemacht und jeweils ein 👤 für sich oder ein 🧍 für Ottokar eingetragen, je nachdem, wen der jeweilige Ranger wählen würde.

Ynges und Ottokars Anhänger im Nationalpark

Ynge hat 45 Anhänger, Ottokar nur 34. Sich jeweils selbst wählen die beiden natürlich auch. Ynge geht somit davon aus, dass sie gewählt wird, und freut sich schon auf ihre Gehaltszulage und den neuen Geländewagen, den sie als Nationalparkdirektorin bekommen wird. Ottokar hat die Aufgabe übernommen, die Wahlkreise einzuteilen. Ynge hatte nichts dagegen. «Soll der doch die Arbeit machen. Hauptsache, ich werde gewählt», denkt sich Ynge.

Wenn Ottokar die Wahlkreise entsprechend den Zeilen einteilt, dann haben seine Anhänger nur in der dritten, der vierten und der achten Zeile die Mehrheit (in der nächsten Abbildung grau unterlegt). Von den neun Sprechern würden sechs Anhänger von Ynge sein und nur drei von ihm.

Ottokars erste Skizze. Jeweils neun benachbarte Ranger bilden einen Wahlkreis bei der Wahl des Nationalparkdirektors. Wer die Mehrheit in den meisten Wahlkreisen hat, der gewinnt.

Würde er die Wahlkreise entsprechend den Spalten wählen, so sähe es auch nicht besser aus. Einer seiner Anhänger würde in der zweiten, der sechsten und der neunten Spalte gewählt werden.

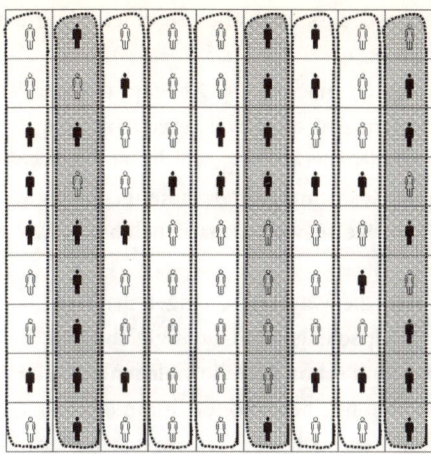

Ottokars zweite Skizze

Ottokar will schon aufgeben. Da fällt ihm ein, dass er ja auch eine andere Einteilung wählen könnte: immer 3 × 3 Quadrate. Aber ent-

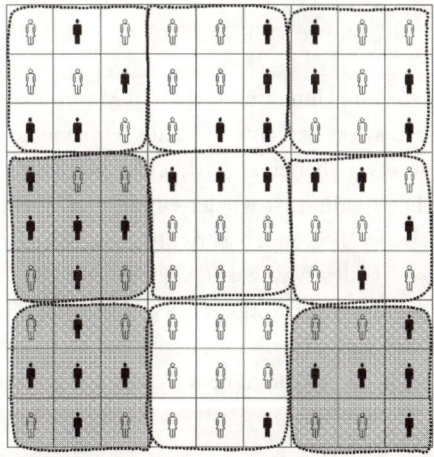

Ottokars dritte Skizze. Ist die Wahl wirklich verloren?

täuscht stellt er fest, dass auch dies zu einer Mehrheit von 6:3 für Ynge führen würde.

Bis lange nach Mitternacht sitzt Ottokar vor dem Plan. Dann geht er beruhigt schlafen. Auf der Sprecherversammlung wird er mit einem Stimmenverhältnis von 7:2 gewählt. Ynge ist völlig überrascht und vermutet eine Bestechung ihrer Anhänger. Aber alle ihre 45 Fans hatten sie gewählt. Sie sich selbst natürlich auch. Wie ist das Ergebnis möglich?

Wie hat Ottokar die Wahlkreise eingeteilt? Die Lösung finden Sie auf Seite 192 f. Aber schlagen Sie nicht gleich nach. Versuchen Sie es selbst. Wann hat man schon mal die Gelegenheit, den Ausgang einer Wahl zu bestimmen, noch dazu ohne Stimme?

7:2!! Ynge kann es noch gar nicht fassen und ist außer sich vor Wut, als sie erfährt, wie Ottokar das hingedreht hat. Ynge schwört Rache, bildet sich mit dem nächstbesten Buch zum Thema fort[5] und entwirft Wahlbezirke, die Ottokars Untergang sein werden. Rache ist süß und die nächste Wahl kommt bestimmt. – Wie könnten die Bezirke aussehen? Helfen Sie Ynge! Die Lösung steht auf Seite 193.

Die hohe Kunst des *Gerrymandering*

Ottokar dankt für Ihre Unterstützung beim Manipulieren! Einige der Wahlkreise haben aber doch eine recht ausgefallene Form. Haben Sie Zweifel, dass so etwas bei einer wirklichen Wahl überhaupt durchgehen würde? Die Realität ist wieder einmal viel abenteuerlicher als unsere Phantasie. Im Folgenden berichten wir über ganz besondere Blüten, die diese Art des Wahlbetrugs getrieben hat.

Der Harvardabsolvent Elbridge Gerry (1744 bis 1814) war einer der Unterzeichner der amerikanischen Unabhängigkeitserklärung. Im Jahre 1810 wurde er Gouverneur von Massachusetts. Seine Ad-

---

[5] Dubben und Beck-Bornholdt: *Mit an Wahrscheinlichkeit grenzender Sicherheit*, Reinbek 2005.

ministration gewann ihre historische Bedeutung durch eine spezielle Methode der Grenzziehung zwischen Wahldistrikten, die als «Gerrymandering» in die Geschichte einging. Durch diese geschickte Grenzziehung, die in einem Gesetz im Jahre 1812 in Massachusets festgeschrieben wurde, hatte die Opposition keine Chancen, die Wahlen zu gewinnen. Einige Wahldistrikte nahmen bei dieser Grenzziehung sehr merkwürdige Formen ein. Die Gestalt eines Wahldistrikts ähnelte nach Ansicht eines Publizisten einem Salamander, wodurch der Name «Gerrymander» für derartige Manipulationen geprägt wurde. Die Abbildung erinnert uns allerdings eher an einen Drachen. Kurz nach Verabschiedung dieses denkwürdigen Gesetzes zur Form der Wahldistrikte wurde Elbridge Gerry fünfter Vizepräsident der

Der Gerry-Mander. Erschienen in *der Boston Gazette* am 12. März 1812.[6]

---

6 Aus den *American Treasures of the Library of Congress* (http://www.loc.gov/exhibits/treasures/trr113.html)

Vereinigten Staaten von Amerika (1813–1814). Das seinen Namen tragende Werk lebt noch heute in den USA weiter – und nicht nur dort.

Seither hat es viele Entscheidungen des Obersten Amerikanischen Gerichtshofs zur Grenzziehung zwischen Wahldistrikten gegeben. Vergleicht man den Gerrymander der obigen Abbildung mit den modernen Gerrymandern der folgenden Abbildung, so wird man insbesondere den technischen Fortschritt in der Demokratie erkennen. Für die Formung einiger dieser Wahlkreise wurden eigens entwickelte Computerprogramme eingesetzt.

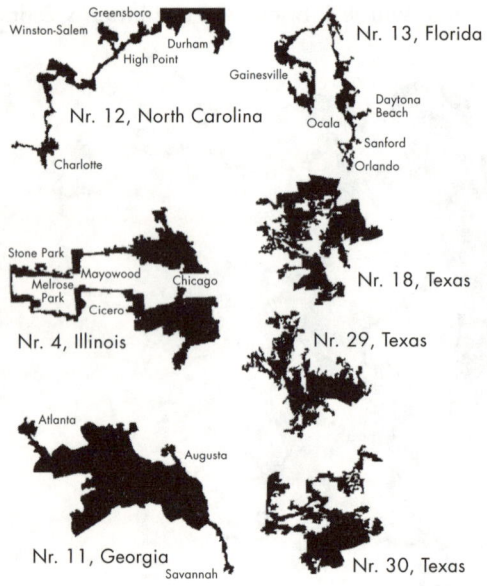

Moderne Gerrymander in den USA[7]

[7] Gefunden bei Peter S. Wattson. *1990s Supreme Court Redistricting Decisions, Senate Counsel, Minnesota* (http://www.senate.leg.state.mn.us/departments/scr/REDIST/red907.htm)

Isn't it? – Oh yes, it is!

In Deutschland spielt das Mehrheitswahlrecht eine untergeordnete Rolle. Bedeutsam ist es im Zusammenhang mit der Fünfprozenthürde für den Bundestag. Parteien, die diese Hürde nicht schaffen, aber in drei Wahlkreisen ein Direktmandat gewinnen, dürfen dennoch in den Bundestag, und zwar in einer Fraktionsstärke, die ihrem prozentualen Anteil an allen Wählerstimmen entspricht. Rechtzeitig zur Bundestagswahl 2002 wurde ein Wahlkreis in Berlin, bei dem die PDS bei der letzten Wahl das Direktmandat errungen hatte, neu zugeschnitten. So erreichte die PDS nur 2 Direktmandate und ist in der Legislaturperiode 2002–2006 nur noch mit den beiden direkt gewählten Abgeordneten vertreten.

Allerdings spielt das Will-Rogers-Phänomen auch beim Verhältniswahlrecht eine wichtige Rolle. Dies haben wir an anderer Stelle ausführlich erläutert.[8]

Gerrymander in der Forschung

Was der Politik recht ist, ist der Wissenschaft billig: Hier wimmelt es von Gerrymandern. Bei zahlreichen epidemiologischen Untersuchungen wird das so genannte *data mining* angewandt. Damit versucht man versteckte Gesetzmäßigkeiten in elektronisch erfassten Daten aufzufinden. Die Nord-Süd-Ausdehnung und die Ost-West-Ausdehnung des Nationalparks der syldirischen Ranger werden dann beispielsweise durch die Achsen «Blutdruck» und «Cholesterinwert» ersetzt. Dann werden die Grenzen nach der Methode von Elbridge Gerry so lange hin und her geschoben, bis sich irgendwo eine statistisch signifikante Häufung von Herzinfarkten oder kardiovaskulären Todesfällen ergibt. So weit ist das Ganze nur ein zweidimensionales

---

[8] Beck-Bornholdt und Dubben: *Der Hund, der Eier legt,* Reinbek 2004.

Problem. Wie wir alle schon häufig gelesen haben, hängt unser (kardio-vaskuläres) Leben aber an noch viel mehr Fäden, wie Fischkonsum, Geschlecht, sportlicher und sexueller Aktivität, Rotweinkonsum, Nationalität, Körpergewicht, Sternzeichen ... Mit modernen Computerprogrammen lässt sich das zweidimensionale Gerrymandern in diesen vieldimensionalen Raum erweitern. Ergebnisse sind damit garantiert, und nicht nur die Boulevard-Presse, sondern auch wissenschaftliche Journale belästigen ihre Leser dann mit Meldungen wie: «Der regelmäßige Genuss von Tomaten senkt das Risiko von Prostatakrebs bei 42 bis 57 Jahre alten Männern» oder «Regelmäßiges Gassigehen senkt das Risiko von Depressionen bei diabetischen Rentnern». Die meisten derartigen Untersuchungen an irgendwelchen Datenfriedhöfen sind billig und schnell und führen zu Ergebnissen, die zwar die Fachzeitschriften und die Tagespresse füllen, aber völlig wertlos sind.

10. Das Ziegenproblem mit 1000 Türen
Ein Spiel mit bedingten Wahrscheinlichkeiten

Ich glaube an das Pferd.
Das Automobil ist eine vorübergehende Erscheinung.

WILHELM II. (1859 BIS 1941), DEUTSCHER KAISER

Hier geht es um Autos, Ziegen und bedingte Wahrscheinlichkeiten. Vermutlich wird es auch Streit geben, denn der Umgang mit bedingten Wahrscheinlichkeiten läuft oft unserer Intuition zuwider, und das hier behandelte Problem ist bekannt dafür, ganze Nationen zu spalten.

Sollten Sie das lesenswerte Buch von Gero von Randow zum Ziegenproblem[1] wie wir verschlungen haben, dann wird Ihnen der Beginn des Kapitels bekannt vorkommen. Aber anschließend wird das Problem verallgemeinert, und zum Schluss gibt es noch ein paar schöne Übungsaufgaben.

Das klassische Ziegenproblem

Das Ziegenproblem, im englischsprachigen Raum wohl als *Monty Hall problem* bekannter, ist das Paradebeispiel einer kognitiven Illusion. Das heißt, wir sind uns der Lösung des Problems sicher, aber

---

[1] Gero von Randow: *Das Ziegenproblem*, Reinbek 2004.

die Lösung ist leider falsch. Monty Hall hat in seiner amerikanischen TV-Show mit den Teilnehmern folgendes Spiel gespielt:

Vor Ihnen befinden sich drei Türen. Hinter einer der Türen ist ein Auto. Es gehört Ihnen, wenn Sie am Ende des Spiels ebendiese Tür öffnen. Hinter den beiden anderen Türen befindet sich jeweils eine (aufblasbare) Ziege. Sie wählen eine Tür aus, dürfen sie aber nicht öffnen.

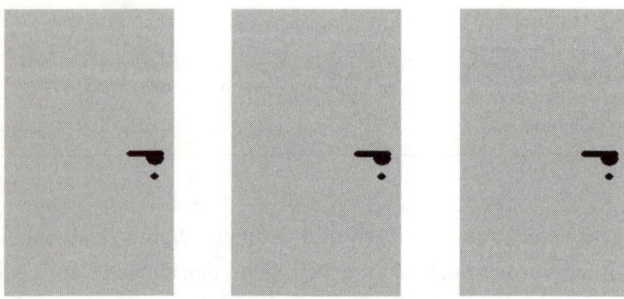

Drei verschlossene Türen. Dahinter befinden sich zwei Ziegen und ein Auto.

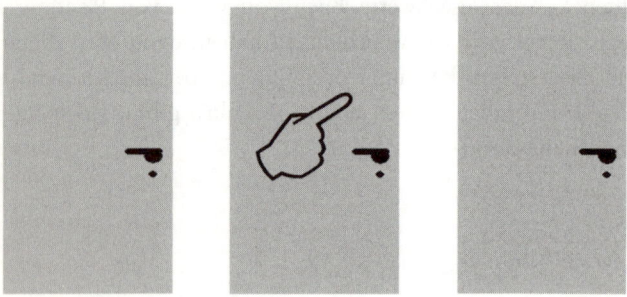

Sie wählen die mittlere Tür, ohne sie zu öffnen.

Monty Hall, der weiß, wo sich das Auto befindet, muss jetzt eine Tür mit Ziege öffnen. Dabei darf er aber nicht die bereits von Ihnen gewählte Tür aufmachen. «Ich zeige Ihnen mal eine Ziege!», sagt er, öffnet eine Ziegentür und fragt: «Bleiben Sie bei Ihrer Tür oder möchten Sie zu der noch verschlossenen Tür wechseln?»

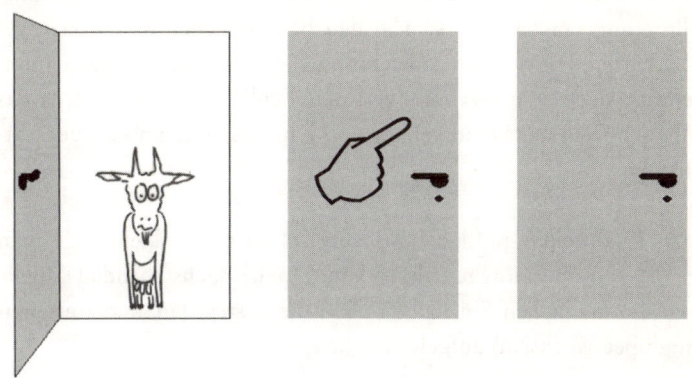

Monty öffnet wie versprochen eine Ziegentür.

Ist es völlig egal, was Sie jetzt tun? Ist es von Vorteil zu wechseln? Oder von Nachteil?

Gero von Randow, der das Problem für die deutschen Lande aufbereitete, wurde mit Kritik, Spott und Häme überschüttet. Dies geschah auf höchstem Niveau, denn viele Doktoren der Mathematik und/oder Statistik, ja sogar Professoren, fühlten sich berufen, hier die Fahne ihres Berufes hochzuhalten – und sich lauthals zu irren.

Warum haben sich derart viele Leute getäuscht – noch dazu einschlägig ausgebildete? Wieso ließen sich viele von ihnen bis heute nicht überzeugen? Weshalb sind sie so wütend? Die meisten zum Ziegenproblem Befragten glauben, dass es egal sei, ob man wechselt. Und die Mehrheit bleibt bei der ursprünglich gewählten Tür. Warum, wenn es doch (scheinbar) egal ist? Granberg und Brown[2]

---

2 Granberg, D., und Brown, T. A.: The Monty Hall dilemma. *Personality and Social Psychology Bulletin*, 21: 711–723, 1995.

verteilten für eine Befragung Geschichten von früheren Ziegenspiel-Spielern, beispielsweise «der Spieler wechselte und verlor» oder «der Spieler wechselte nicht und verlor». Die Teilnehmer der Befragung sollten angeben, wie sie sich in den beschriebenen Situationen gefühlt hätten. Die meisten gaben an, sie hätten sich schlechter gefühlt, wenn sie nach dem Wechseln verloren. Schließlich hätten sie da das Auto schon in der Hand gehabt und hätten sich dann dagegen entschieden.

Es gibt zahlreiche pfiffige Lösungen des Ziegenproblems, die man bei Gero von Randow nachlesen kann. In der nachstehenden Tabelle sind alle möglichen Spielzüge (Wahl der ersten Tür und Entscheidung über Wechseln) aufgelistet.

Erste Wahl	Monty öffnet	Aktion	Zweite Wahl	Gewinn?	Gewinn-wahr-scheinlich-keit
Auto	Ziege 1 oder 2	Wechseln	Ziege 2 bzw. 1	nein	$2/3$
Ziege 1	Ziege 2	Wechseln	Auto	ja	
Ziege 2	Ziege 1	Wechseln	Auto	ja	
Auto	Ziege 1 oder 2	Bleiben	Auto	ja	$1/3$
Ziege 1	Ziege 2	Bleiben	Ziege 1	nein	
Ziege 2	Ziege 1	Bleiben	Ziege 2	nein	

Wechseln oder Bleiben? Mögliche Verläufe beim Ziegenproblem mit drei Türen, zwei Ziegen und einem Auto.

Die ersten drei Zeilen der Tabelle beschreiben alle Alternativen für den Fall, dass man wechselt, die letzten drei Zeilen für den Fall, dass man sich für das Bleiben entscheidet. Beginnen wir mit der ersten Zeile. Wenn man sich bei der ersten Wahl für die Autotür entschieden hat, wird Monty eine der beiden anderen Türen öffnen. Wenn Sie jetzt wechseln, dann werden Sie verlieren. Wenn Sie jedoch bei der ersten Wahl eine Ziegentür gewählt haben, wird Monty die verbleibende Ziegentür öffnen. Wenn Sie jetzt wechseln, dann haben Sie das Auto gewonnen. Da es doppelt so wahrscheinlich ist, zu Beginn eine Ziegentür zu wählen, ist es auch doppelt so wahrscheinlich, dass Sie bei der Wechselstrategie gewinnen.

Die vierte Zeile beschreibt, was geschieht, wenn Sie sich bei der ersten Wahl für die Autotür entscheiden und die Bleibestrategie fahren. Monty wird eine der beiden Ziegentüren öffnen, Sie aber bleiben bei der richtigen Tür und gewinnen. Wenn Sie jedoch bei der ersten Wahl auf eine Ziegentür tippen – und das ist doppelt so wahrscheinlich –, dann wird Monty die verbleibende Ziegentür öffnen. Sie werden bei der Bleibestrategie die falsche Tür festhalten und verlieren. Da es auch hier doppelt so wahrscheinlich ist, zu Beginn eine Ziegentür zu wählen, ist es doppelt so wahrscheinlich, dass Sie bei der Bleibestrategie verlieren.

Es wird deutlich, dass bei «Wechseln» in 2 von 3 Fällen am Ende die Autotür geöffnet wird, bei «Bleiben» nur in einem von 3 Fällen. Fazit: Immer wechseln erhöht die Gewinnchance um den Faktor 2.

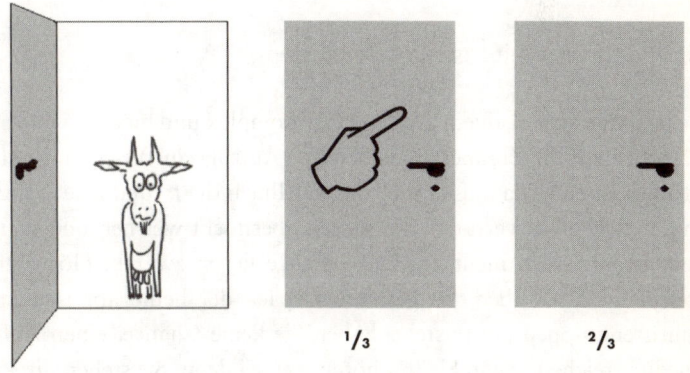

$^1/_3$ $^2/_3$

Jetzt steht das Auto mit einer Wahrscheinlichkeit von $^2/_3$ hinter der rechten Tür.

Eine andere Erklärungsvariante geht so:

Zwei Kandidaten, Sie und Frau Schlaumeier, spielen das Ziegenspiel gleichzeitig und gegeneinander. Sie dürfen die erste Wahl treffen, aber nie wechseln. Monty öffnet eine Ziegentür und Frau Schlaumeier muss die einzige noch verbleibende Tür «wählen». Frau Schlaumeiers Part ist somit der der immer wechselnden Spielerin. Am Ende des Spiels hat immer einer von beiden ein Auto gewonnen. Das Ganze wird 3000-mal wiederholt. 3000 Autos wechseln ihren Besitzer. Da Sie mit einer Wahrscheinlichkeit von $1/3$ eine Autotür gewählt haben, kommen Sie auf 1000 Autos. Wir gratulieren! Aber wer hat nur die verbleibenden 2000 Autos? Frau Schlaumeier hat sie. Wer denn sonst? 2000 Gewinne in 3000 Spielen macht eine Gewinnwahrscheinlichkeit von $2/3$ durch Wechseln.

Die bislang kürzeste Lösung, die uns bekannt ist, lieferte ein Student aus unserem Seminar: «Die Wahrscheinlichkeit, am Anfang eine Ziegentür zu wählen, ist $2/3$. Wenn man eine Ziegentür gewählt hat, dann kriegt man beim Wechseln garantiert ein Auto, weil der Moderator gemäß der Spielregel mich daran ‹hindert›, die andere Ziegentür zu wählen. Wechseln liefert also eine Wahrscheinlichkeit von $2/3$, das Auto zu gewinnen.»

Ein Hochhaus mit fast drei Aufzügen

Sie befinden sich in einem großen Hotelkomplex und möchten in den 12. Stock auf Ihr Zimmer. Es stehen drei Aufzüge zur Verfügung. Allerdings ist einer davon kaputt, das hat Ihnen die freundliche Dame an der Rezeption verraten. Sie wissen aber nicht welcher, und man sieht es ihm auch nicht an. Die Aufzüge liegen zwar in Hörweite voneinander, da aber das gesamte Gepäck der heute abreisenden Touristengruppen herumsteht, haben Sie keine Chance, einen Aufzug zu erreichen, wenn Sie ihn hören – es sei denn, Sie stehen direkt neben der Tür. Die Aufzüge sind gleich schnell und verkehren gleich häufig und in gleichen Zeitabständen. Sie wissen aber nicht, in welcher Reihenfolge. Kurzum, es gibt keinen Grund, einen der Aufzüge zu bevorzugen. Selbstverständlich haben Sie es eilig. Sie stellen sich vor einen x-beliebigen Aufzug und warten. Dann hören Sie einen der beiden anderen Aufzüge kommen und wieder abfahren.

Ist es jetzt besser, zu dem anderen Aufzug zu gehen? Sollten Sie bei der ursprünglichen Wahl bleiben? Oder ist es egal? Die folgende Tabelle ist analog zur obigen Ziegentabelle und gibt Aufschluss über die beste Strategie.

Erste Wahl	Aufzug kommt	Aktion	Zweite Wahl	Gewinn?	Vorteil
Kaputt	Fährt ① bzw. ②	Wechseln	Fährt ② bzw. ①	gut	
Fährt ①	Fährt ②	Wechseln	Kaputt	schlecht	¹/₃
Fährt ②	Fährt ①	Wechseln	Kaputt	schlecht	
Kaputt	Fährt ① bzw. ②	Bleiben	Kaputt	schlecht	
Fährt ①	Fährt ②	Bleiben	Fährt ①	gut	²/₃
Fährt ②	Fährt ①	Bleiben	Fährt ②	gut	

Laufen oder Warten? Mögliche Verläufe bei der Wahl der Aufzüge. Einer von drei Aufzügen ist kaputt.

Die ersten drei Zeilen der Tabelle beschreiben alle Alternativen für den Fall, dass man wechselt, die letzten drei Zeilen für den Fall, dass man bleibt. Wenn man sich bei der ersten Wahl für den kaputten Fahrstuhl entschieden hat, wird man bei einem Wechsel den zweiten funktionierenden Fahrstuhl erwischen und schnell aufs Zimmer kommen. Wenn Sie jedoch bei der ersten Wahl einen funktionierenden Fahrstuhl gewählt haben, dann werden Sie bei einem Wechsel vor dem kaputten Fahrstuhl stehen und wieder eine Fahrt verpassen. Da es doppelt so wahrscheinlich ist, zu Beginn einen funktionierenden Fahrstuhl zu wählen, ist es auch doppelt so wahrscheinlich, dass Sie bei der Wechselstrategie Zeit verlieren.

In der vierten Zeile haben Sie sich bei der ersten Wahl für den kaputten Fahrstuhl entschieden und sind Anhänger der Bleibestrategie. Wenn man jetzt bleibt, wird man immer noch vor dem kaputten Fahrstuhl stehen und auch noch den zweiten Fahrstuhl verpassen. Wenn Sie jedoch bei der ersten Wahl vor einem funktionierenden

Fahrstuhl stehen – und das ist doppelt so wahrscheinlich –, dann werden Sie ihn gleich bekommen und schnell Ihr Hotelzimmer erreichen. Sie werden bei der Bleibestrategie die richtige Tür festhalten und Zeit sparen. Da es auch hier doppelt so wahrscheinlich ist, zu Beginn einen funktionierenden Fahrstuhl zu wählen, ist es doppelt so wahrscheinlich, dass Sie bei der Bleibestrategie besser fahren.

Fazit: Bleiben Sie, wo Sie sind. Ihre Aktion würde bestraft werden. Mit einer Wahrscheinlichkeit von $^2/_3$ stehen Sie bereits vor dem heilen Fahrstuhl. Durch Wechseln würden Sie die Wahrscheinlichkeit auf $^1/_3$ reduzieren.

Genauso sähe die Tabelle aus, wenn der Fernsehsender der Monty-Hall-Show sich großzügig geben und zwei Autos sowie nur eine Ziege ins Spiel bringen würde. Der Kandidat darf eine Tür wählen, der Moderator öffnet eine Auto-Tür, die der Kandidat dann nicht mehr wählen darf, und fragt: Bleiben Sie bei Ihrer Wahl oder wollen Sie wechseln?

So gefragt liegt Wechseln nicht sehr nahe, oder? Bei der ersten Wahl haben Sie eine Wahrscheinlichkeit von $^2/_3$, eine Autotür erwischt zu haben. Es bleibt bei $^2/_3$, wenn Sie nicht wechseln.

Nun zurück zum ursprünglichen Ziegenproblem, allerdings mit einer kleinen Veränderung des subjektiven Wertesystems: Sie sind Ziegenhirt auf einer autofreien Insel und wollen das auch bleiben. Das Auto interessiert Sie nicht die Bohne. Eine Ziege wollen Sie haben. Und die haben Sie im ersten Schritt mit $^2/_3$-Wahrscheinlichkeit gewählt. Wenn Sie also eine Ziege wollen: nicht wechseln! Wenn Sie lieber keine Ziege wollen: wechseln! Logisch?

Das Gefangenenproblem

Hans-Peter, Hans-Hermann und Thomas sitzen in weit voneinander getrennten Zellen im Gefängnis. Der König des Landes hat morgen Geburtstag und aus diesem Grunde einen von ihnen begnadigt. Damit es eine Geburtstagsüberraschung bleibt, hat der Monarch sämtlichen Wärtern bei Strafe untersagt, den Gefangenen etwas über ihr Schicksal zu verraten. Thomas kann es nicht erwarten und redet auf seinen Wärter ein: «Hör mal, ich will ja gar nichts über mich aus dir rausquetschen, aber ich weiß doch sowieso, dass einer der beiden anderen auf jeden Fall weiter sitzen muss. Wenn du mir nur den Namen desjenigen nennst, der weiterhin einsitzen muss, hast du mir doch nichts über mich verraten.» Der Wärter überlegt, sagt «Hans-Hermann!» und denkt sich: «Das war nicht strafbar, denn damit hat Thomas nichts über sein eigenes Schicksal erfahren.»

Thomas' Wahrscheinlichkeit, begnadigt zu sein, betrug vor der Antwort des Wärters $1/3$. Die Wahrscheinlichkeit, dass entweder Hans-Peter oder Hans-Hermann begnadigt sind, betrug $2/3$. Da Hans-Hermann es nach Bekunden des Wärters nicht ist, ist Hans-Peter der Glückliche, dessen Begnadigungswahrscheinlichkeit nun $2/3$ beträgt. Thomas bleibt bei seinem $1/3$ und somit hat der Wärter ihm tatsächlich nichts über sein Schicksal verraten. Die Parallele zum Ziegenproblem: Thomas entspricht der als Erstes gewählten Tür. Er spielt «ohne Wechseln», ob er will oder nicht. Sollte der König ihn in Geburtstagslaune fragen, ob er das Urteil mit Hans-Peter tauschen möchte, dann wäre die vom Wärter erhaltene Information viel wert und er sollte dem Tausch unbedingt zustimmen.

Springende Wahrscheinlichkeiten im Andromedanebel

Sie spielen mit Ihren Kindern Verstecken. Leider nur im Haus, denn draußen regnet es. Zusätzlich zum Regen gibt es die feste Vereinbarung, dass man sich nur im Haus verstecken darf und dass man das Versteck nicht mehr wechseln darf, wenn der andere schon sucht. Der Einfachheit halber wird nur ein Kind gesucht: Anna-Sophia. Mit 100-prozentiger Wahrscheinlichkeit befindet sie sich irgendwo im Haus. Sie suchen und stellen fest: Sie ist nicht in der Küche, nicht in der Garage, nicht im Schlafzimmer, nicht im Kinderzimmer, nicht im Wohnzimmer, nicht im Bad, nicht im Klo. Sie haben sie definitiv nicht irgendwo versehentlich übersehen. Am Ende bleiben noch Keller, Boden und Besenkammer. Da Anna-Sophia mit Sicherheit im Haus ist, ist sie mit Sicherheit in einem der drei Verstecke. Da sie keinerlei Vorlieben für einen der drei Räume hat, beträgt die Wahrscheinlichkeit für jeden einzelnen Raum $1/3$. Aber im Keller ist sie auch nicht, stellen Sie nun fehlerfrei fest. Sie ist also mit Sicherheit in der Besenkammer oder auf dem Dachboden. Die Wahrscheinlichkeit für das eine oder andere beträgt jetzt $1/2$ oder 50 Prozent. Das ist doch merkwürdig! Sie schauen unten in den Keller, und oben auf dem Boden verändert sich die Wahrscheinlichkeit. Wenn Sie Anna-Sophia gefunden hätten, wäre die Auf-dem-Dachboden-Wahrscheinlichkeit von $1/3$ abrupt auf null gesunken. Da Anna-Sophia nicht im Keller ist, steigt sie von $1/3$ auf $1/2$. Anna-Sophia ist aber auch nicht in der Besenkammer, stellen Sie nun zweifelsfrei fest. Anna-Sophia befindet sich also mit Sicherheit auf dem Boden. Während der ganzen Suche hat sich die Auf-dem-Dachboden-Wahrscheinlichkeit nach und nach bis auf 100 Prozent erhöht, obwohl Sie nie dort oben waren. Sie haben offensichtlich Fernwirkung.

«Na und?», denken Sie vielleicht. «Das ist doch nichts Neues.» Stimmt. Aber stellen Sie sich jetzt vor, dass es sich um ein intergalaktisches Versteckspiel handelt und dass es nicht der Dachboden, sondern der Andromedanebel ist, der noch übrig bleibt. Dann springt die Aufenthaltswahrscheinlichkeit von Anna-Sophia im Andromedanebel augenblicklich von 50 auf 100 Prozent, egal wie weit weg das ist. Aufenthaltswahrscheinlichkeiten scheren sich nicht um die Lichtgeschwindigkeit. Sie können schneller sein.

Ziegenproblem mit zehn Türen

Wir befinden uns in der deutschen Kopie der US-amerikanischen Fernsehshow. Die Moderatorin Gynda Gyll hatte damit viel Erfolg. Da aber die Gewinne des Senders im vergangenen Jahr deutlich geschrumpft sind, muss gespart werden. Deshalb hat die Produktionsleitung beschlossen, den Kandidaten nicht mehr drei, sondern zehn Türen zur Auswahl anzubieten – natürlich nur mit einem Auto, aber neun Ziegen. Man geht davon aus, dass dadurch die Häufigkeit von Auto-Gewinnern deutlich abnimmt. Außerdem sind zehn Türen mehr als drei Türen und viel ist besser als wenig, nicht wahr?

Sie sind der erste Kandidat und haben zehn Türen zur Auswahl. Sie wählen beispielsweise die ganz rechte. Mit 90-prozentiger Wahrscheinlichkeit steht das Auto hinter einer der anderen neun Türen. Nach und nach öffnet Gynda Gyll die Türen und fragt Sie jedes Mal, ob Sie wechseln möchten. Wenn Sie gerissen sind, werden Sie zunächst jedes Mal verneinen und bei Ihrer ersten Wahl bleiben.

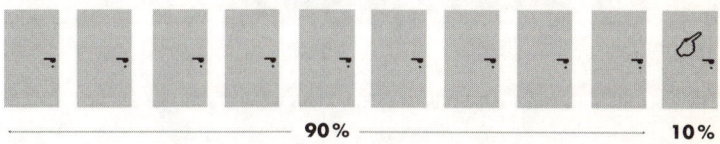

90%   10%

Zehn verschlossene Türen zur Auswahl. Sie entscheiden sich für die rechte Tür, ohne sie zu öffnen.

Nachdem Gynda Gyll insgesamt acht Türen geöffnet hat, ist die Situation wie folgt:

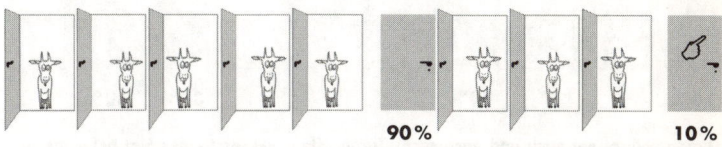

90%   10%

Gynda Gyll öffnet nacheinander acht Ziegentüren. Sie bleiben jedes Mal bei Ihrer ursprünglichen Wahl.

Jetzt sind zwei Fälle zu unterscheiden. *Fall 1:* Sie haben am Anfang die Tür mit dem Auto gewählt. Die Wahrscheinlichkeit dafür beträgt 10 Prozent. Sie sollten nicht wechseln, denn dann wäre das Auto weg. *Fall 2:* Sie haben am Anfang eine Ziegentür gewählt. Die Wahrscheinlichkeit dafür beträgt 90 Prozent. Das Auto muss hinter der letzten noch verschlossenen Tür stehen. Wechseln würde Ihnen jetzt das Auto einbringen.

Mit der größeren Wahrscheinlichkeit liegt Fall 2 vor. Also sollten Sie wechseln. Das beschert Ihnen das Auto mit 90-prozentiger Wahrscheinlichkeit.

Glücklich fahren Sie mit Ihrem neuen 90-Prozent-Auto nach Hause. Jetzt übernimmt Klaus die Rolle des Kandidaten. Er überlegt, was wohl passiert, wenn er zwischendurch einmal wechselt? Das neue Spiel beginnt. Klaus wählt zunächst die ganz linke Tür.

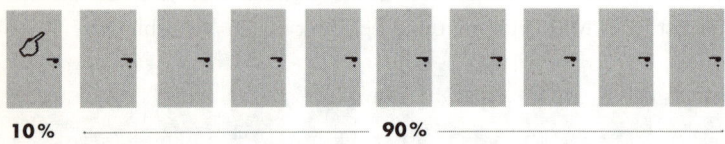

Zehn verschlossene Türen stehen zur Auswahl. Klaus wählt die Tür ganz links.

Gynda Gyll öffnet nun eine Tür nach der anderen und Klaus bleibt jedes Mal weiter bei seiner Tür ganz links. Nachdem Gynda sechs Türen geöffnet hat, sieht die Situation folgendermaßen aus:

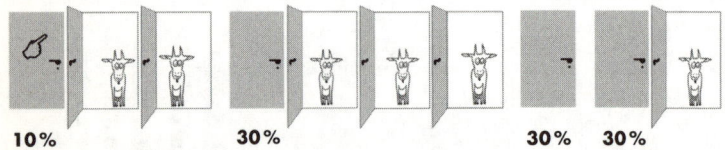

Gynda Gyll öffnet nach und nach sechs Türen. Klaus verharrt jedes Mal bei seiner ursprünglichen Wahl.

Mit 90-prozentiger Wahrscheinlichkeit steht das Auto hinter einer der drei verschlossenen Türen, die Klaus nicht gewählt hatte. Da die offenen Türen ausscheiden, befindet sich das Auto mit jeweils 30-prozentiger Wahrscheinlichkeit hinter der vierten, achten oder der neunten Tür von links. Wenn Klaus jetzt beispielsweise auf die vierte

Tür wechselt, scheint das ein Vorteil zu sein, denn seine Gewinnwahrscheinlichkeit steigt von 10 Prozent auf 30 Prozent. Aber wir werden gleich sehen, dass das auf lange Sicht ein Nachteil ist.

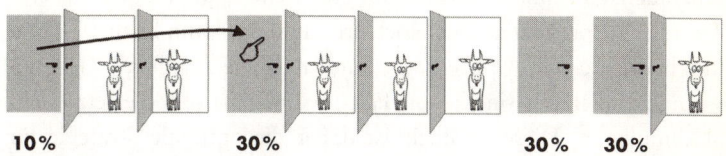

10%   30%   30% 30%

Klaus wird seiner ersten Wahl untreu und wechselt nun zur vierten Tür von links.

Nach dem Wechsel ist das Auto mit 70-prozentiger Wahrscheinlichkeit hinter einer der drei anderen verschlossenen und nicht-gewählten Türen.[3] Die Moderatorin öffnet jetzt weitere zwei autolose Türen, beispielsweise die ganz linke und die neunte von links. Klaus verharrt bei seiner Tür.

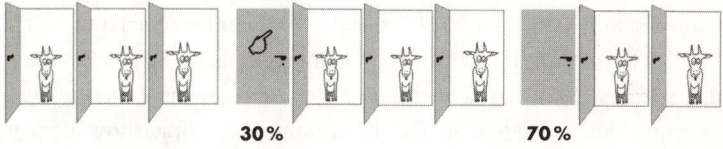

30%   70%

Gynda Gyll öffnet zwei weitere Ziegentüren. Klaus bleibt bei seiner zweiten Wahl.

Jetzt verbirgt sich das Auto mit 30-prozentiger Wahrscheinlichkeit hinter Klaus' Tür und mit 70-prozentiger Wahrscheinlichkeit hinter der anderen, der dritten Tür von rechts. Klaus sollte wechseln. Seine Gewinnwahrscheinlichkeit beträgt dann immerhin 70 Prozent. An die Gewinnwahrscheinlichkeit der Strategie «immer verharren und

---

3 Dass die drei nicht von Ihnen gewählten Türen jetzt unterschiedliche Wahrscheinlichkeiten für ein Auto haben, kompliziert zwar die Situation, spielt aber für das Ende dieser Argumentation keine Rolle.

erst bei der allerletzten Gelegenheit wechseln» reicht das allerdings nicht heran.

Beim Ziegenproblem mit zehn Türen beträgt die kleinste «Wahrscheinlichkeitseinheit» 10 Prozent. Nur wenn man bis zur vorletzten Tür eine 10-prozentige Tür blockiert – und das kann beim 10-Türer nur bei der ersten Wahl sein –, kann man die maximale Gewinnwahrscheinlichkeit (in diesem Fall 90 Prozent) auf die letzte Tür akkumulieren. Diese Strategie ist daher die optimale Strategie für Ziegenprobleme jeglicher Größenordnung.

Die nächste Abbildung zeigt das Hunderttürerproblem mit 99 Ziegen und einem Auto im entscheidenden Augenblick. Die Kandidatin Heidi Sch. aus W. hat sich nach Lektüre dieses Ziegenkapitels auf die 58. Tür versteift und bleibt dabei, bis Gynda Gyll 98 Ziegentüren geöffnet hat. Dann wechselt sie auf die einzige noch verschlossene Tür, die vierundachtzigste, und erhöht damit ihre Gewinnchance von einem Prozent auf 99 Prozent.

Beim Tausendtürer hätte man mit dieser Strategie eine Gewinnwahrscheinlichkeit von 99,9 Prozent. Die Zehntürervariante ist im Vergleich zum Dreitürer offenbar keine gelungene Sparmaßnahme des Senders. Man hat schnell eingesehen, dass mehr Türen höhere Gewinnchancen bedeuten. Die Produzenten der Spielshow kamen daher auf die Idee, die Anzahl der Autos zu erhöhen, um so die Wahrscheinlichkeit für einen Gewinn zu verringern. Ist das vernünftig? Hier eine Aufgabe zum Selberdenken:

Sie stehen vor fünf Türen. Es sind drei Ziegen und zwei Autos im Spiel. Hinter jeder Tür steht entweder eine Ziege oder ein Auto. Sie dürfen eine Tür wählen, aber nicht öffnen. Im nächsten Spielzug öffnet Gynda Gyll zwei Ziegentüren und eine Autotür, aber nicht die von Ihnen gewählte. Möchten Sie jetzt wechseln oder ist es egal, ob Sie wechseln? Ein Tipp: Machen Sie eine Tabelle. Aber bitte erst weiterlesen, wenn Sie die Lösung haben.

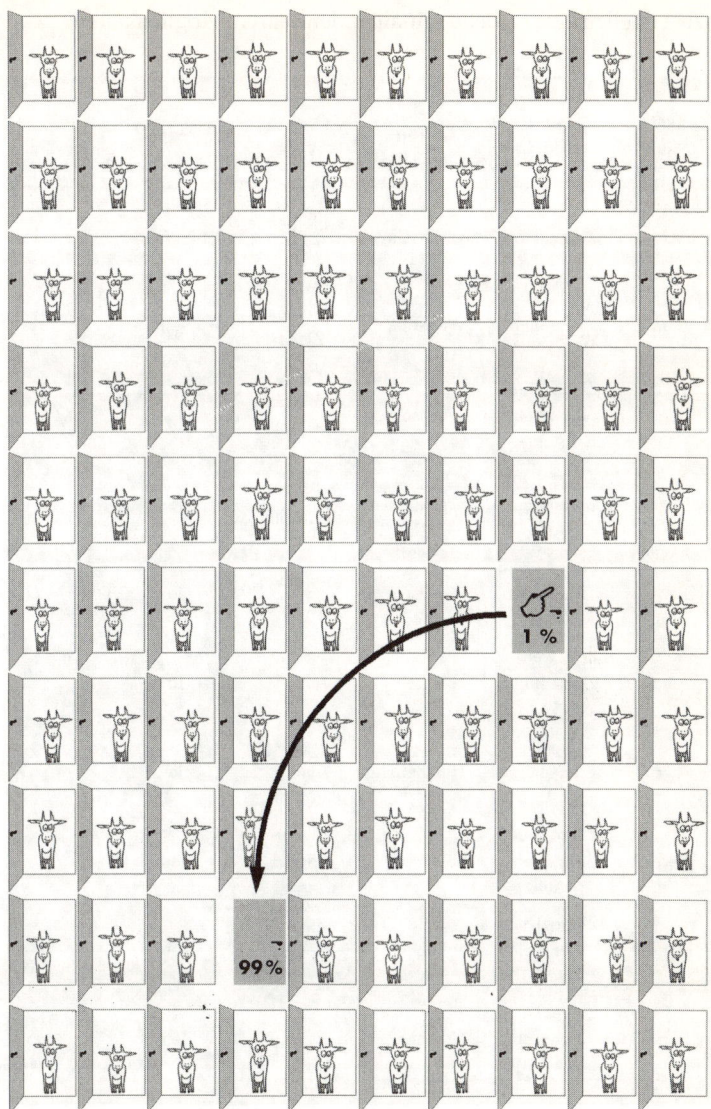

Das Hunderttürer-Ziegenproblem. Kandidatin Heidi bleibt lange bei ihrer ersten Wahl (Tür 58), wechselt dann auf die letzte noch verschlossene Tür und landet damit ziemlich sicher einen Hauptgewinn.

Wir erstellen eine Tabelle mit allen denkbaren Möglichkeiten:

Erste Wahl	Gynda Gyll öffnet	Aktion	Zweite Wahl	Gewinn?	Gewinn-wahr-schein-lichkeit
Auto 1	Zwei Ziegentüren und Auto 2	Wechseln	Verbleibende Ziege	Nein	
Auto 2	Zwei Ziegentüren und Auto 1	Wechseln	Verbleibende Ziege	Nein	
Ziege 1	Ziege 2 und 3 und ein Auto	Wechseln	Verbleiben-des Auto	Ja	$^3/_5$
Ziege 2	Ziege 1 und 3 und ein Auto	Wechseln	Verbleiben-des Auto	Ja	
Ziege 3	Ziege 1 und 2 und ein Auto	Wechseln	Verbleiben-des Auto	Ja	
Auto 1	Zwei Ziegentüren und Auto 2	Bleiben	Auto 1	Ja	
Auto 2	Zwei Ziegentüren und Auto 1	Bleiben	Auto 2	Ja	
Ziege 1	Ziege 2 und 3 und ein Auto	Bleiben	Ziege 1	Nein	$^2/_5$
Ziege 2	Ziege 1 und 3 und ein Auto	Bleiben	Ziege 2	Nein	
Ziege 3	Ziege 1 und 2 und ein Auto	Bleiben	Ziege 3	Nein	

Die möglichen Spielverläufe mit drei Ziegen und zwei Autos hinter fünf Türen

In diesem Fall ist unsere Wechselstrategie wieder von Vorteil. Aber die Gewinnchancen sind merkwürdigerweise geringer geworden, obwohl es mehr Preise gibt.

Und was ist, wenn es gleich viele Ziegen und Autos gibt? Wieder eine Aufgabe zum Selberdenken: Sie stehen vor vier Türen. Es sind zwei Ziegen und zwei Autos im Spiel. Hinter jeder Tür steht entweder eine Ziege oder ein Auto. Sie dürfen eine Tür wählen, aber nicht öffnen. Sodann öffnet Moderatorin Gynda Gyll eine Ziegentür und eine Autotür, aber nicht die von Ihnen gewählte. Möchten Sie jetzt wechseln oder ist es egal, ob Sie wechseln?

Wir erstellen wieder eine Tabelle mit allen denkbaren Möglichkeiten. In den oberen vier Zeilen sind die vier Möglichkeiten für die Strategie «Wechseln» und in den unteren vier Zeilen (siehe Seite 118) für die Strategie «Bleiben» eingetragen:

Erste Wahl	Gynda Gyll öffnet	Aktion	Zweite Wahl	Gewinn?	Gewinn-wahr-schein-lichkeit
Auto 1	Ziege 1 oder 2 und Auto 2	Wechseln	Ziege 2 bzw. 1	Nein	
Auto 2	Ziege 1 oder 2 und Auto 1	Wechseln	Ziege 2 bzw. 1	Nein	$2/4$
Ziege 1	Ziege 2 und Auto 1 oder 2	Wechseln	Auto 2 bzw. 1	Ja	
Ziege 2	Ziege 1 und Auto 1 oder 2	Wechseln	Auto 2 bzw. 1	Ja	

Erste Wahl	Gynda Gyll öffnet	Aktion	Zweite Wahl	Gewinn?	Gewinn-wahr-schein-lichkeit
Auto 1	Ziege 1 oder 2 und Auto 2	Bleiben	Auto 1	ja	
Auto 2	Ziege 1 oder 2 und Auto 1	Bleiben	Auto 2	ja	$2/4$
Ziege 1	Ziege 2 und Auto 1 oder 2	Bleiben	Ziege 1	nein	
Ziege 2	Ziege 1 und Auto 2 oder 1	Bleiben	Ziege 2	nein	

Die möglichen Spielverläufe mit zwei Ziegen und zwei Autos hinter vier Türen

Es ist in diesem Fall völlig egal, wie Sie sich entscheiden. Die Gewinnchance ist immer 50 Prozent.

Ein anrüchiges Ziegenproblem

Darf es noch etwas mehr sein? Ja? Aber gern, diesmal jedoch etwas schwieriger – sozusagen vom Feinsten. Für die Lösung sollten Sie vielleicht Surelock Humps zu Rate ziehen. Hier kommt die Kopfnuss: Es ist wieder die klassische Variante des Ziegenspiels, also mit zwei Ziegen und einem Auto und den üblichen Spielregeln. Beim Aufbau des Bühnenbildes für die Show geht immer mal etwas schief. Von einem der Bühnenbildner wissen Sie, dass 20 Prozent der Autotüren nach Benzin riechen, aber nur 5 Prozent der Ziegentüren. Die Ziegen riechen gar nicht, weil sie nicht echt sind. Sie nehmen die Fährte auf, wählen die einzige nach Benzin riechende Tür, Monty öffnet eine Ziegentür und Sie stehen vor der Wahl: wechseln oder nicht, oder ist es egal?

Zunächst müssen wir ausrechnen, wie wahrscheinlich es ist, dass *ausschließlich* Ziegentür 1, *ausschließlich* Ziegentür 2 bzw. *ausschließlich* die Autotür nach Benzin riecht. Die Fälle, dass gar nichts nach Benzin riecht oder dass gleich zwei oder alle drei Türen nach Benzin riechen, können wir ausschließen, weil es ja nur an einer Tür riecht.

Die Wahrscheinlichkeit, dass nur die Autotür riecht, berechnet sich aus der Wahrscheinlichkeit, dass die Autotür riecht (20 Prozent bzw. 0,20), und der Wahrscheinlichkeit, dass Ziegentür 1 nicht riecht (95 Prozent bzw. 0,95), und der Wahrscheinlichkeit, dass Ziegentür 2 auch nicht riecht (95 Prozent bzw. 0,95):

$$\textit{Wahrscheinlichkeit, dass nur die Autotür riecht} =$$
$$0,20 \times 0,95 \times 0,95 = 0,1805$$

beziehungsweise 18,05 Prozent.

Die Wahrscheinlichkeit, dass nur Ziegentür 1 riecht, berechnet sich aus der Wahrscheinlichkeit, dass die Autotür nicht riecht (80 Prozent bzw. 0,80), und der Wahrscheinlichkeit, dass Ziegentür 1 riecht (5 Prozent bzw. 0,05), und der Wahrscheinlichkeit, dass Ziegentür 2 nicht riecht (95 Prozent bzw. 0,95):

$$\textit{Wahrscheinlichkeit, dass nur Ziegentür 1 riecht} =$$
$$0,80 \times 0,05 \times 0,95 = 0,0380$$

beziehungsweise 3,80 Prozent.

Die Wahrscheinlichkeit, dass nur Ziegentür 2 riecht, berechnet sich aus der Wahrscheinlichkeit, dass die Autotür nicht riecht (80 Prozent bzw. 0,80), und der Wahrscheinlichkeit, dass Ziegentür 1 auch nicht riecht (95 Prozent bzw. 0,95), und der Wahrscheinlichkeit, dass Ziegentür 2 riecht (5 Prozent bzw. 0,05):

$$\textit{Wahrscheinlichkeit, dass nur Ziegentür 2 riecht} =$$
$$0,80 \times 0,95 \times 0,05 = 0,0380$$

beziehungsweise 3,80 Prozent.

Diese drei Wahrscheinlichkeiten zusammen ergeben die Wahrscheinlichkeit, dass genau eine Tür nach Benzin riecht:

$$\textit{Wahrscheinlichkeit, dass genau eine Tür riecht} =$$
$$0,1805 + 0,0380 + 0,0380 = 0,2565$$

beziehungsweise 25,65 Prozent.

Genau dieser Fall ist in unserer Aufgabe aufgetreten. Da dies so ist, ist die Wahrscheinlichkeit, dass sich das Auto hinter der nach Benzin riechenden Tür befindet:

$$\textit{Wahrscheinlichkeit für Auto hinter der einzigen riechenden Tür} =$$
$$\frac{18,05\,\%}{25,65\,\%} = 0,704$$

oder in etwa 70 Prozent.

Wir haben also folgende Ausgangssituation:

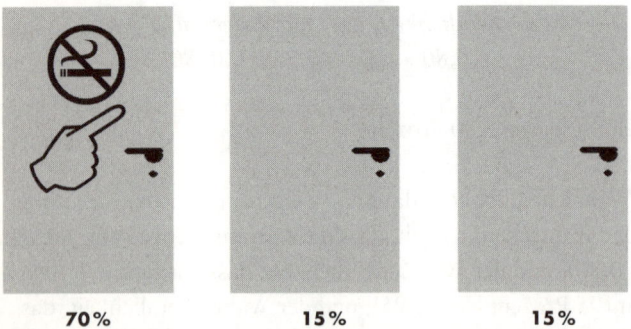

| 70% | 15% | 15% |

Ziegenproblem mit Benzingeruch. Die veränderten Auto-Wahrscheinlichkeiten haben wir uns erschnüffelt und errechnet. Wie geht es weiter?

Die linke Tür riecht nach Benzin und wird von Ihnen gewählt. Hinter dieser Tür befindet sich mit 70-prozentiger Wahrscheinlichkeit das Auto. Hinter einer der beiden anderen Türen ist die Wahrscheinlichkeit geringer und beträgt nur 15 Prozent. Jetzt öffnet Monty eine der beiden rechten Türen. Dadurch erhöht sich die Wahrscheinlichkeit für die verbleibende Tür auf 30 Prozent.

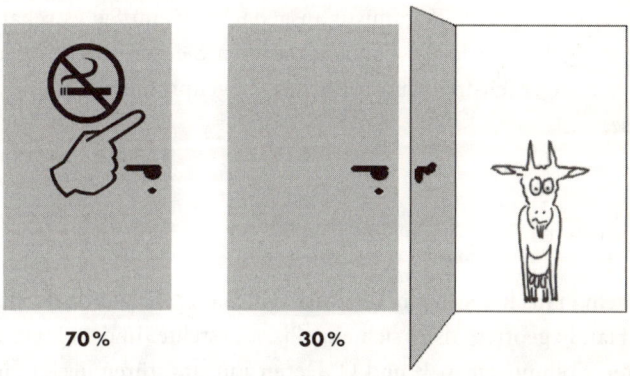

70%   **30%**

Ziegenproblem mit Benzingeruch. Monty öffnet die rechte Tür und zeigt uns eine Ziege.

Natürlich wechseln Sie nicht und fahren mit einer Wahrscheinlichkeit von 70 Prozent mit dem Auto nach Hause. Schlauer wäre es

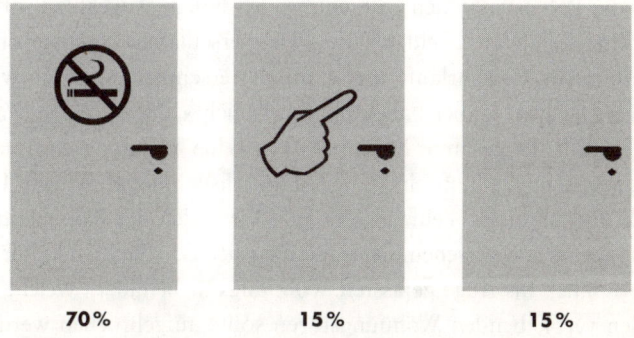

70%   **15%**   **15%**

Ziegenproblem mit Benzingeruch und einem besonders schlauen Kandidaten

allerdings gewesen, zunächst eine Tür zu wählen, die *nicht* nach Benzin riecht, z. B. jene in der Mitte.

Wenn Monty dann die rechte Tür öffnet, liegt Ihre Gewinnwahrscheinlichkeit bei einem Wechsel bei 85 Prozent. Und wenn er die Benzintür geöffnet hätte? Was dann? Mit diesen Gedanken lassen wir Sie jetzt alleine.

Damit Sie dieses Buch so schnell nicht wieder vergessen, haben wir uns zwei weitere Kopfnüsse ausgedacht. Wenn Sie es schaffen, diese Aufgaben zu lösen, dann bekommen Sie von uns ein garantiert benzingeruchsfreies unstoffliches Ziegenproblemdiplom erster Klasse.

Ziegenterror

In einem Haus hat sich ein Terrorist verschanzt. Er wurde dort über sein Handy geortet, als er sich eine Pizza bestellte. In dem Haus gibt es drei Wohnungen A, B und C. Deren Eingangstüren liegen direkt nebeneinander. Es gibt nicht den geringsten Hinweis, in welcher der Wohnungen sich der Terrorist aufhält. Die GSG 9 steht im Hausflur vor den drei Türen. Es muss sofort gehandelt werden. Die Mannschaftsstärke reicht aber nur dafür aus, die Wohnungen nacheinander zu durchsuchen. Der Kommandeur entscheidet sich für Tür A und die Polizisten gehen in Stellung. In diesem Augenblick öffnet sich eine der anderen beiden Türen. Der verschlafene Nachbar blickt in zahlreiche Gewehrläufe und stammelt erschrocken: «I-ich weiß, wen Sie suchen, a-aber babei mir is er nnich!» Bis auf einen Wachposten fällt die gesamte Mannschaft in seine Wohnung ein und in Sekundenschnelle läuft eine lautlose Durchsuchung ab wie ein Uhrwerk und bestätigt: Fehlanzeige. Jetzt stellt sich der Kommandeur die Frage: Wie wahrscheinlich ist es, dass sich der Terrorist hinter der ursprünglich ins Auge gefassten Wohnungstür befindet? Welche der beiden verbleibenden Wohnungstüren sollte aufgebrochen werden? Wechseln oder bleiben oder ist es egal?

Kinderzimmerkopfnuss

Sie besuchen einen alten Klassenkameraden. Sie wissen, er hat drei Kinder. Das älteste ist ein Junge, von den beiden anderen wissen Sie nichts. Bei dem Freund angekommen, müssen Sie erst mal Ihr Abendbrot verdienen, indem Sie eine Aufgabe lösen. Vom Flur gehen drei Kinderzimmertüren ab. Der Freund fordert Sie auf: «Du wählst eine Tür aus, ohne sie zu öffnen. Ich werde dann eine Jungstür aufmachen. Wie wahrscheinlich ist es, dass hinter der ursprünglich gewählten Tür ein Mädchen wohnt? Und hinter der ursprünglich nicht gewählten?»

11. Vergleich macht reich
Geld sparen und Nerven verlieren mit Algorithmen

Vergleichen ist das Ende des Glücks und der Anfang der Unzufriedenheit.

SØREN KIERKEGAARD

«Noch 83 Kilometer nach Schwiegermutterhausen. Wir haben zwar noch genug Benzin, aber wir müssen auf jeden Fall tanken, damit das Fahrzeug fluchtbereit ist. Wie viele Tankstellen gibt es noch auf der Strecke?», fragt Paula ihren Beifahrer.

«Eine bestimmt. Und mehr wirst du nicht brauchen. So einen großen Tank haben wir nicht», gähnt Oskar.

«Überhaupt ist dieses Auto nicht sehr groß. Und warum? Weil du dein Geld lieber den Mineralölkonzernen in den Rachen schmeißt. Ich zeige dir jetzt, wie man billig tankt ...»

«Schatz, mach keinen Unsinn, dieses Auto ist nicht nur klein, sondern auch langsam!»

«Keine Angst, ich zeig dir, wie man legal billig tankt.»

«Willst du nach SM-Hausen fahren, dir die billigste Tanke an der Strecke merken, dann zurückfahren, tanken, insgesamt 40 Cent sparen, dafür aber 2 Liter Sprit verfahren? Dann kannst du auch sparen, indem du dir ein Paar herabgesetzte Schuhe ...»

«Ach, mein Herz, auf das Angebot komme ich zurück. Aber vorher werden wir zum Schrecken aller Tankstellenbesitzer. Oskar, wir haben hier folgendes Problem: Wir müssen uns an einer Tankstelle entscheiden, ohne zu wissen, was die nächste fordert, und wir können auch nicht zurück zur letzten. Wir verbessern jetzt unsere

Chance dadurch, dass wir einfach einen Preis schätzen.[1] Wenn der Preis bei der ersten Tankstelle darunter liegt, dann schlagen wir zu, sonst kaufen wir bei der zweiten. Mach mal ein Bildchen. Guck nicht so, ich muss fahren, aber da sind Papier und Bleistift ... mal mal zwei Tankstellen ... genau, du weißt schon, wie ich das meine.»

Oskar hat es nicht verstanden, aber er kennt Paula sehr gut und weiß, wie Paula es meint, und genauso zeichnet und schreibt er es auf.

«Siehst du, da haben wir unsere zwei Tankstellen, eine teure und eine billigere. Wenn wir überhaupt nicht nachdenken und einfach so darauf lostanken, haben wir eine 50-prozentige Wahrscheinlichkeit, bei der einen oder anderen zu tanken. Mit der zu hohen Schätzung, die über allen Angeboten liegt, gewinnen und verlieren wir nichts. Wir werden bei der zweiten Tankstelle einkaufen, und ob das die billigere ist, steht in den Sternen.»

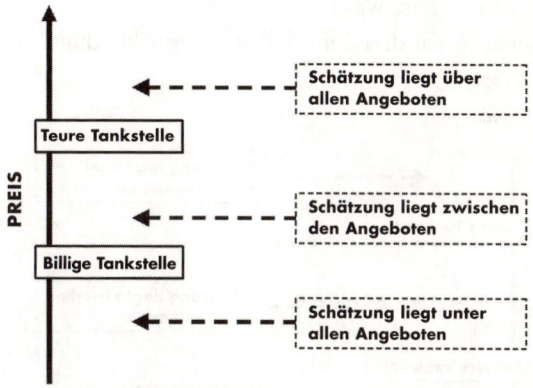

Abbildung zu Paulas Zwei-Tankstellen-Taktik. Drei Möglichkeiten für die Schätzungen müssen unterschieden werden.

---

[1] Die Anregung zu dieser Geschichte haben wir bekommen durch den Artikel von Bruss, F. T.: Der Ungewissheit ein Schnäppchen schlagen. *Spektrum der Wissenschaft*, Juni 2000.

«Also wieder 50 Prozent Wahrscheinlichkeit für das eine oder andere», hat Oskar fix nachgerechnet.

«So ist es. Auf das Gleiche kommt es hinaus, wenn unsere Schätzung *unter* allen Angeboten liegt. Wir nehmen dann die erste Tanke …»

«… und welche das ist, steht immer noch in den Sternen.»

«Richtig, Oskar! Aber wenn unsere Schätzung zwischen den Angeboten liegt, dann landen wir mit der Strategie mit Sicherheit bei der billigeren Tankstelle.»

«Mit einer Wahrscheinlichkeit von …, liebe Paula?»

«Da kommt es ganz auf dich an! Je häufiger du mit deiner Schätzung die Preislücke zwischen den Angeboten triffst, umso besser. Die Wahrscheinlichkeit hängt also von der Größe der Lücke und der Sicherheit deiner Marktkenntnis ab. Auf jeden Fall wird unsere Wahrscheinlichkeit auf Billig-Tanken durch Schätzen auf über 50 Prozent erhöht!»

«Du, Paula, wir haben noch drei Tankstellen vor uns, sehe ich gerade im Auto-Atlas. Was nun?»

«Da brauchen wir drei Tankstellen in der Abbildung. Ist doch logisch, oder?»

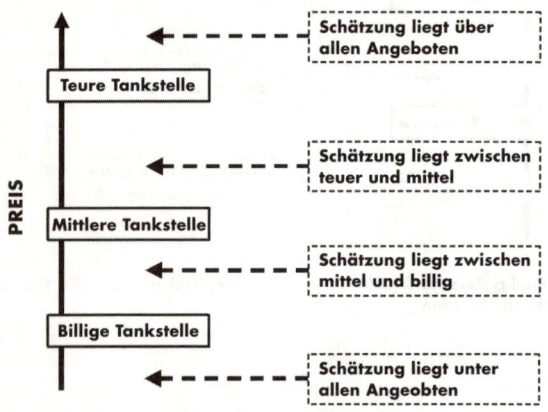

Abbildung zu Paulas Drei-Tankstellen-Taktik. Hier müssen vier Möglichkeiten für die Schätzungen unterschieden werden.

«… und vier Fälle für die Schätzung, die wir unterscheiden müssen. Wir tanken wieder bei der ersten, die unter dem Schätzwert liegt?»

«Lass es uns so machen. Wir haben jetzt jeweils $1/3$ Wahrscheinlichkeit für teuer, mittel bzw. billig, wenn wir gar nicht nachdenken. Dasselbe kommt heraus, wenn unsere Schätzung über oder unter sämtlichen Angeboten liegt. Einverstanden, Oskar?»

«Jaha. Und wenn unsere Schätzung aufgrund meiner außergewöhnlichen Marktkenntnisse zwischen teuer und mittel liegt, dann haben wir die teuerste Tanke schon mal ausgeschlossen. Bleiben fifty-fifty für mittel bzw. billig.»

«Und wenn unsere Schätzung aufgrund meiner außergewöhnlichen Intuition zwischen mittel und billig liegt, dann tanken wir immer am billigsten! Insgesamt haben wir unsere Wahrscheinlichkeit auf Billig-Tanken auf über $1/3$ erhöht. Und wieder hängt es von unserer Marktkenntnis ab, wie gut uns das gelingt. Auch hier kann kein Nachteil durch ungeschicktes Schätzen entstehen.»

«Paula, lass uns den Algorithmus in einer Langzeituntersuchung empirisch testen. Die nächsten 100 Mal, die wir zur Schwiegermutter fahren …»

«… lieber Oskar, wir wüssten sehr bald, wo man meistens am billigsten tankt, noch einen Not-Blumenstrauß kaufen kann und das Klo akzeptabel ist! Ich befürchte, unsere Taktik bringt nur auf völlig unbekanntem Terrain einen Vorteil. – Unbekannt, unbekannt!? Sag mal, Oskar, ich kann zwar Gleichungen mit mehreren Unbekannten lösen, aber von den gegenwärtigen Benzinpreisen kenne ich bestenfalls die Währung. Weißt du, wie viel ein Liter Benzin zurzeit kostet?»

«Das weiß ich gleich dreimal nicht: Erstens fahre ich immer mit dem Fahrrad, weil du das Auto hast, zweitens fahre ich selten Autobahn und drittens verändern sich die Preise so schnell, dass es keinen Sinn hat, sie sich zu merken.»

«Du gibst also zu, Oskar, dass du nie tankst und die Dreckarbeit mir überlässt!?»

«Zur Strafe bin ich dumm und kenn die Benzinpreise nicht.»

«Ohne guten Schätzwert bringt unsere Tanktaktik nicht viel. Was nun, Oskar?»

«Wir haben keine Ahnung ... das ist mein Spezialgebiet, liebe Paula. Meine männliche Intuition sagt mir, dass wir so weiterkommen: Den Preis der ersten Tankstelle nehmen wir als Schätzwert; ist die zweite Tanke billiger, dann tanken wir dort, sonst nehmen wir die dritte.»

«Spannend! Was sparen wir? Reicht es für ein Paar Schuhe für mich?»

«Na, mal sehen, Paula. Ich mach mal eine Tabelle. Das hast du doch so gern. Wir werden rein zufällig bei ‹teuer›, ‹mittel› bzw. ‹billig› als erstes vorbeikommen. Die Wahrscheinlichkeit, dass ‹teuer›, ‹mittel› bzw. ‹billig› zum Schätzwert wird, beträgt jeweils $1/3$. Daher $1/3$ in der ersten Spalte der Tabelle.»

«Ist teuer der Schätzwert, werden wir fifty-fifty mittel oder billig tanken. Das macht den Faktor $1/2$. Teuer geschätzt und billig gekauft tritt dann mit der Wahrscheinlichkeit $1/3 \times 1/2 = 1/6$ auf. Auf mittel geschätzt kann nur billigster Einkauf folgen. Und auf billig geschätzt folgt entweder teuer oder mittel eingekauft.»

Zur Schätzung verwandt	Tanken bei		
	Teuer	Mittel	Billig
Teuer $1/3$	0	$\times 1/2 = 1/6$	$\times 1/2 = 1/6$
Mittel $1/3$	0	0	$\times 1 = 1/3$
Billig $1/3$	$\times 1/2 = 1/6$	$\times 1/2 = 1/6$	0
Summe	$1/6$	$1/3$	$1/2$

Oskars Tabelle: Das erste Angebot wird zum Schätzwert. Oskar tankt dann bei der zweiten Tankstelle, wenn der Preis unter dem Schätzwert liegt, sonst bei der dritten.

«Mensch, Paula, das bringt ja tatsächlich etwas ein, trotz völliger Ahnungslosigkeit! Wir tanken jetzt in der Hälfte der Fälle billig. Und bei Herrn Teuer fahren wir nur noch in $1/6$ der Fälle an die Box.»

«Und? Reicht es für ein Paar Schuhe?»

        VERGLEICH MACHT REICH

«Mal sehen. Wir fahren 20 000 km pro Jahr. Unser Auto verbraucht rund 6 Liter Benzin auf 100 km. Also kaufen wir etwa 1200 Liter pro Jahr. Mit 110 Cent[2] pro Liter geben wir pro Jahr 1320 € für Sprit aus. Die Preisschwankungen liegen meist in der Größenordnung von 5 Prozent. Davon kann man maximal die Hälfte sparen. Macht so um die 33 € pro Jahr.»

«Hm, dafür kriegen wir ein Paar Badelatschen für dich, aber für ein Paar Schuhe müssen wir uns was anderes einfallen lassen. Stell dir vor, Teuer, Mittel und Billig sind drei Mineralölgesellschaften. Beim wilden Tanken hat jeder einen Marktanteil von $1/3$ oder 33,3 Prozent. Wenn sich die Massen an unsere Kaufempfehlung halten, dann sinkt der Teuer-Anteil auf $1/6$ = 16,7 Prozent, mein Teuerster! Das ist eine relative Umsatzeinbuße von 50 Prozent. 4 Millionen Euro oder diese Seiten gehen an den ADAC!»

«Das ist Erpressung!»

«Nein, Notwehr! Oskar, ich weiß es ja zu schätzen, dass du so geduldig bist, sogar mit mir, aber meine Geduld mit den Benzinpreisen hat Grenzen. – Lass uns mal darüber nachdenken, wo unsere Taktik noch einsetzbar ist! Wir sind ja eher selten auf völlig unbekanntem Gebiet unterwegs. Meistens tanken wir ja doch auf bekannten Strecken bei bekannten Tankstellen. Die billigste der drei Tankstellen auf unserem Arbeitsweg kennen wir sowieso.»

«Und hat die immer denselben Preis?»

«Oskar, Schatz, das ist es! Es gibt ja auch zeitliche Schwankungen! Im Alltag haben wir nicht drei Tankstellen, sondern drei Zeitpunkte mit verschiedenen Preisen. Wenn der Tank noch ein Drittel voll ist, kann man heute, morgen oder übermorgen tanken. Teuer, mittel oder billig. Alles ganz analog zu dem, was wir eben besprochen haben. Sobald die Tankanzeige mir sagt: ‹Jetzt könntest du bald mal tanken›, lese ich heute bei der Stammtanke den Schätzwert ab und tanke morgen, wenn der Schätzwert unterschritten ist, sonst übermorgen.»

---

[2] Das waren noch Preise im September 2004, nicht wahr?

«Paula, weißt du noch, wie wir mein Auto inseriert hatten, um es zu verkaufen? Wir waren uns im Preis unsicher und dauernd kam jemand und machte mehr oder weniger schlechte Angebote! Das gesamte Wochenende war dahin und wir mit den Nerven am Ende. Beim zwanzigsten Besucher warst du so fertig, dass du auf einmal entschlossen zugesagt hast.»

«*Du* warst mit den Nerven am Ende, und du glaubst wohl immer noch, ich hätte damals den Zufall dem Zufall überlassen. Hier nun die schröcklüche Wahrheit, wie ich dein Wrack an den Mann gebracht habe. Ich habe keine Ahnung von Autos. Das war und ist mir klar. Und von meinem Kollegen Jürgen wusste ich, dass der eine Woche vorher bei der Trennung von seinem alten Wagen 30 Bewerber dafür hatte. Also habe ich die ersten zehn Angebote nur angehört, um meine Ahnungslosigkeit auszugleichen. Ich habe den zweithöchsten Preis als Schätzwert genommen. Der nächste Interessent, der mehr bieten würde, der sollte dein geliebtes Oskarmobil erhalten.»

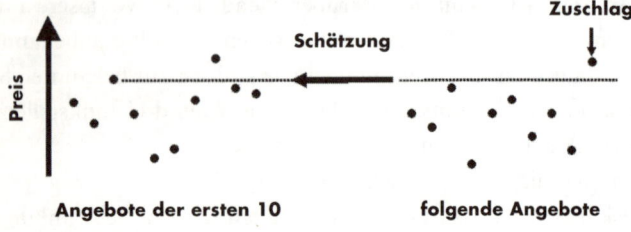

So hat Paula Oskars Auto verkauft. Die ersten zehn Interessenten hat sie für Marktforschung benutzt. Das zweithöchste dieser zehn Angebote hat sie als Schätzung des Marktwertes genommen. Der Erste, der mehr bieten würde, sollte das Auto bekommen. Hier war es der insgesamt zwanzigste Kunde, der schließlich den Zuschlag erhielt.

«Erstens: Was bist du ausgekocht! Zweitens: Hast du gut gemacht! Danke! Und drittens: Was hat es eingebracht?»

«Die Wahrscheinlichkeit, dass der Höchstbieter aller 30 bei den ersten 10 dabei war, beträgt $1/3$. Die Wahrscheinlichkeit, dass der Zweithöchstbieter dabei war, ist auch $1/3$. Die Wahrscheinlichkeit, dass beide unter den ersten zehn waren, beträgt $^1/_9$. Die Wahrscheinlichkeit, dass einer von beiden bei den folgenden 20 dabei ist, beträgt dann $^8/_9$ oder knapp 90 Prozent. Andererseits ist es sehr unwahrscheinlich, dass alle 10 Angebote meines ‹Testkollektivs› unter dem Median lagen: $0{,}5^{10} = ^1/_{1000}$. So, nun weißt du die Wahrheit.»

«Ich sehe, es macht Sinn, dass du die Haushaltskasse hast. Da kann ich sehr beruhigt sein.»

«Damit du auch in Zukunft beruhigt bist, gehen wir jetzt noch unseren speziellen Fall durch. Jedenfalls, was das Tanken angeht. Wir fahren über die Umgehungsstraße zur Arbeit und durch die Stadt zurück, weil es immer noch irgendetwas zu erledigen gibt. Deshalb haben wir nicht eine Tankstelle mit drei verschiedenen Preisen an drei aufeinander folgenden Tagen, sondern zwei. Wir müssten deine letzte Tabelle sozusagen auf sechs Zeitpunkte bzw. Angebote erweitern. Aber lass uns etwas anderes machen. Dein altes Fahrrad soll ja nächste Woche den Besitzer wechseln. Und da es nicht um Millionen geht, soll spätestens der sechste Interessent deinen Drahtesel haben.»

«Tabelle ist fertig, Paula. Das ist dasselbe Strickmuster wie meine letzte Tabelle.»

«Sehr schön übersichtlich, Oskar. Das erste Gebot nehmen wir als Schätzwert. Mit jeweils gleicher Wahrscheinlichkeit ($^1/_6$) ist das erste Gebot das höchste, 2., 3., 4., 5. oder niedrigste. Wenn das niedrigste oder das höchste zum Schätzwert werden, dann verkauft man an den letzten Bieter. Und der liegt mit je $^1/_5$ Wahrscheinlichkeit auf einem der fünf verbleibenden Gebotsränge. Wenn beispielsweise der vierte zum Schätzwert wird, dann können nur noch der höchste, 2, oder 3. einen Zuschlag erhalten.»

«Ganz unten die Anteile sind nichts anderes als die Wahrscheinlichkeiten der einzelnen Verkäufe. Mit 38 Prozent Wahrscheinlichkeit geht mein Fahrrad für das Höchstgebot weg. Und mit $38 + 25 + 16 = 79$ Prozent erwischst du die bessere Hälfte der Gebote, statt mit 50 Prozent, wenn man an den ersten zufällig auftretenden Interessenten verkaufen würde.»

Erstes Gebot vom	Verkauf an Gebot					
	Höchstes	2	3	4	5	Niedrigstes
Höchsten $^1/_6$	0	$\times\,^1/_5 = ^1/_{30}$	$\times\,^1/_5 = ^1/_{30}$	$\times\,^1/_5 = ^1/_{30}$	$\times\,^1/_5 = ^1/_{30}$	$\times\,^1/_5 = ^1/_{30}$
2. $^1/_6$	$\times\,1 = ^1/_6$	0	0	0	0	0
3. $^1/_6$	$\times\,^1/_2 = ^1/_{12}$	$\times\,^1/_2 = ^1/_{12}$	0	0	0	0
4. $^1/_6$	$\times\,^1/_3 = ^1/_{18}$	$\times\,^1/_3 = ^1/_{18}$	$\times\,^1/_3 = ^1/_{18}$	0	0	0
5. $^1/_6$	$\times\,^1/_4 = ^1/_{24}$	$\times\,^1/_4 = ^1/_{24}$	$\times\,^1/_4 = ^1/_{24}$	$\times\,^1/_4 = ^1/_{24}$	0	0
Niedrigsten $^1/_6$	$\times\,^1/_5 = ^1/_{30}$	$\times\,^1/_5 = ^1/_{30}$	$\times\,^1/_5 = ^1/_{30}$	$\times\,^1/_5 = ^1/_{30}$	$\times\,^1/_5 = ^1/_{30}$	0
Summe	$^{137}/_{360}$	$^{89}/_{360}$	$^{59}/_{360}$	$^{39}/_{360}$	$^{24}/_{360}$	$^{12}/_{360}$
Anteil in Prozent	38	25	16	11	7	3

So verkauft Paula Oskars Fahrrad.

Beinahe hätten die Pfennigfuchser die Abfahrt für die Tankstelle verpasst: «Da kommt die erste Tankstelle, Paula. Wir tanken nach Algorithmus?»

«Na klar, Algorithmus macht reich. Warum sollen wir darauf verzichten? Oder? Du, sieh mal da, was da steht … Tankstelle Aderlass … neuer Pächter … Einstandspreise … günstig wie nirgends … Der Einstand kann keine fette Lüge sein. Das wäre zu peinlich. Ich fahr an die Box. Das lassen wir uns nicht entgehen.»

«Und die Algorithmen, aller Vorsatz dahin? Sooo schnell?»

«Nein, Oskar-Herz, ganz und gar nicht. Sämtliche Algorithmen, die wir besprochen haben, sind kompatibel mit dem Algorithmus: Wenn das erste Angebot das beste ist, dann kann man sich nicht mehr verbessern. Was lernen wir daraus? Zuschlagen, wenn das Schicksal es sofort gut mit einem meint! – Und außerdem können jetzt die Autoren dieses Buches auch mal was sagen. Bisher haben wir das gesamte Kapitel ganz allein bestritten!»

Danke, Paula! Danke, Oskar! – Liebe Leserinnen, liebe Leser, wir möchten jetzt einen kleinen Test mit vier Fragen mit Ihnen machen.

Den haben wir zum Teil abgeguckt bei Tversky und Kahnemann.[3] Es geht dabei um eine persönliche Entscheidung ohne große Rechnerei.

Frage 1

Sie haben in einer Fernsehshow gewonnen. Der Showmaster bietet Ihnen zwei Preise an, zwischen denen Sie frei wählen dürfen. Dazu schiebt er Ihnen einen Zettel zu. Bitte kreuzen Sie an, wie Sie sich entscheiden würden.

> A. ○ Ich erhalte 100 000 € mit einer Wahrscheinlichkeit von 85 Prozent.[4]
> B. ○ Ich erhalte 80 000 € mit einer Wahrscheinlichkeit von 100 Prozent.

Statistisch betrachtet hat Preisvariante A einen Geldwert von 85 000 €. Also 5000 € mehr als B. Trotzdem würden wir das Kreuz bei B machen. Der sichere Spatz in der Hand ist uns (Ihnen auch?) offenbar 5000 € wert. Damit sind wir nicht allein. Die meisten Probanden von Tversky und Kahnemann haben auch diese Variante gewählt.

Frage 2

Sie haben in einer Fernsehshow mitgespielt, bei der man auch verlieren kann. Sie haben verloren. Tut uns Leid. Der Showmaster bietet

---

3 Tversky, A., Kahnemann, D.: Judgement under uncertainty: Heuristics and biases. *Science* 185: 1124–1131, 1974.

4 Die Verlosung ist fair und findet unter notarieller Aufsicht statt.

Ihnen zwei Verlustmöglichkeiten an, zwischen denen Sie frei wählen dürfen. Dazu schiebt er Ihnen einen Zettel zu. Bitte kreuzen Sie an, wie Sie sich entscheiden würden.

A. ○ Ich zahle 100 000 € mit einer Wahrscheinlichkeit von 85 Prozent.[4]
B. ○ Ich zahle 80 000 € mit einer Wahrscheinlichkeit von 100 Prozent.

Statistisch betrachtet hat Verlustvariante A einen (negativen) Geldwert von 85 000 €. Also 5000 € mehr als B. Die vage Aussicht auf Schuldenfreiheit ist uns 5000 € wert. Jedenfalls würden wir das Kreuz bei A machen. Auch bei Tversky und Kahnemann haben sich die meisten Probanden für Variante A entschieden.

Frage 3

Sie haben in einer Fernsehshow gewonnen. Der Showmaster bietet Ihnen Ihren Gewinn an, indem er Ihnen 1000 Zettel zuschiebt, die Sie alle Ihrem Wunsch gemäß ankreuzen sollen. Jeder Wunsch wird dann entsprechend umgesetzt. Auf jedem der Zettel steht:

A. ○ Ich erhalte 100 € mit einer Wahrscheinlichkeit von 85 Prozent.
B. ○ Ich erhalte 80 € mit einer Wahrscheinlichkeit von 100 Prozent.

Wie würden Sie sich entscheiden? Wir würden jedes Mal A ankreuzen. Das gibt mit mehr als 99 Prozent Wahrscheinlichkeit mehr als 80 000 € und mit 50 Prozent Wahrscheinlichkeit mehr als 85 000 €.

Frage 4

Sie haben in einer Fernsehshow mitgespielt, bei der man auch verlieren kann. Sie haben verloren. Tut uns Leid. Der Showmaster bietet Ihnen zwei Verlustmöglichkeiten an, indem er Ihnen 1000 Zettel zuschiebt, die Sie alle Ihrem Wunsch gemäß ankreuzen sollen. Jeder Wunsch wird dann entsprechend umgesetzt. Auf jedem der Zettel steht:

> A. ○ Ich zahle 100 € mit einer Wahrscheinlichkeit von 85 Prozent.
> B. ○ Ich zahle 80 € mit einer Wahrscheinlichkeit von 100 Prozent.

Wir würden diesmal unser Kreuz wie die meisten bei B machen. Das ergibt einen sicheren Verlust von 80 000 €. Variante A beschert mit sehr großer Wahrscheinlichkeit (99 Prozent) einen größeren Verlust als 80 000 € und mit 50 Prozent Wahrscheinlichkeit einen Verlust von mehr als 85 000 €.

Fazit

Der statistische Geldwert einer Variante ist nicht einzig entscheidend. Bezogen auf die Algorithmen von Paula und Oskar bedeutet das: Jemand, der einmal im Leben ein Haus verkauft, kann sich durchaus vernünftig anders verhalten als jemand, der dies mehrmals im Monat tut.

Weitere Kopfnüsse

Aufgabe 1: Sie haben, wie in der Fahrradverkaufstabelle, sechs Gebote zu erwarten bzw. länger wollen Sie nicht abwarten. Die ersten beiden Gebote werden zur Schätzung benutzt. Davon wird das höhere Gebot als Schätzwert gewählt.

Aufgabe 2: Sie haben, wie in der Fahrradverkaufstabelle, sechs Gebote zu erwarten bzw. länger wollen Sie nicht abwarten. Die ersten beiden Gebote werden zur Schätzung benutzt. Davon wird das niedrigere Gebot als Schätzwert gewählt.

Die Lösungen der Aufgaben finden Sie auf den Seiten 194 bis 196.

12. Rauchen für ein langes Leben
Variationen über Simpsons Paradoxon

In diesem Kapitel wollen wir einige Varianten von Simpsons Paradoxon vorstellen. Im eigentlichen Sinne ist es gar kein Paradox, denn es ist widerspruchsfrei lösbar, sofern man der Sache durch Einsicht in die zugrunde liegenden Informationen auf den Grund gehen kann. Simpsons Paradoxon beschert sich widersprechende Ergebnisse und Schlussfolgerungen aus ein und denselben Daten – zumindest solange man nicht hinter die Kulissen guckt. Bleiben wir noch etwas vor den Kulissen.

Raucher leben länger (!?)

Im Jahre 1972 wurde in dem teils städtischen, teils ländlichen Distrikt von Whickham (Newcastle-upon-Tyne, UK) eine große Studie zu den Gewohnheiten und zur Lebenserwartung der Bevölkerung begonnen.[1] Unter anderem wurden 1314 Frauen in zwei Gruppen

---

1 Tunbridge, W. M. G., Evered, D. C., Hall, R., Appleton, D. R., Brewis, M., Clark, F., Grimley, E. J., Young, E., Bird, T. und Smith, P. A.: The Spectrum of Thyroid Disease in a Community: The Whickham Survey. *Clinical Endocrinology* 7: 481–493, 1977.

eingeteilt: Frauen, die damals rauchten, und Frauen, die bis dahin noch nie geraucht hatten. Zwanzig Jahre später wurde eine weitere Erhebung über deren Lebenserwartung durchgeführt.[2]

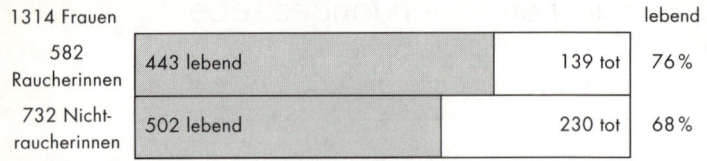

Anzahl der lebenden und nicht mehr lebenden Raucherinnen und Nichtraucherinnen nach 20 Jahren. Die Länge der Balken entspricht ungefähr den jeweiligen Anteilen der Lebenden und Toten.

Nach zwanzig Jahren waren 139 von 582 Raucherinnen verstorben. Es lebten noch 443, entsprechend 76 Prozent. Von 732 Nichtraucherinnen waren nach zwanzig Jahren 230 verstorben. Es lebten nur noch 502, entsprechend 68 Prozent. Das Ergebnis legt offenbar die Schlussfolgerung nahe, dass Rauchen das Leben verlängert. Haben Millionen von Raucherinnen Recht, wenn sie nur mit den Schultern zucken und sich eine anstecken, wenn ihnen jemand eine verkürzte Lebenserwartung prophezeit? Bevor Sie sich jetzt zum Rauchen animiert fühlen, lesen Sie dieses Kapitel bitte ganz. Es kommt vielleicht doch noch ganz anders.

Ein Spießbürger-Streich: Ausländer sind kriminell, oder?

In der Stadt Bootvollshausen hat sich ein einschlägig wirkender Journalist die Mühe gemacht, die Daten der Kriminalitätsstatistik zu durchforsten.[3] Ihn interessierte, ob es zwischen Ausländern und

---

2 Appleton, D. R., French, J. M. und Vanderpump, M. P. J.: Ignoring a Covariate: An Example of Simpson's Paradox. *The American Statistician* 50, No. 4: 340–341, 1996.

Deutschen einen Unterschied in der Neigung zur Kriminalität gibt. Bootvollshausen hat 120 000 Einwohner, davon sind 20 000 Ausländer. Im Jahre 2003 verzeichnet die Statistik 280 Straftaten. Davon wurden 100 von Ausländern und 180 von Deutschen verübt. Also kommen auf 1000 Ausländer 5 Delikte und auf 1000 Eingeborene 1,8 polizeilich festgehaltene Taten (siehe Tabelle). Mehr als doppelt so viele Straftaten pro fremder Nase als pro deutscher!

	Einwohner	Straftaten je Jahr	pro 1000 Einwohner
Ausländer	20 000	100	5
Deutsche	100 000	180	1,8

Kriminalitätsstatistik von Bootvollshausen

Wenn man nun nicht allzu lange nachfragt, gibt das auf jeden Fall eine aufrührerische Schlagzeile: «Erhöhung der Kriminalität durch Ausländer». Aber: Vorsicht, Vorsicht! Bevor politische und polizeiliche Maßnahmen folgen, werden wir dieser zunächst logisch erscheinenden Schlussfolgerung mit exakt demselben Datenmaterial widersprechen. – Aber vorher schauen wir noch mal kurz über den Tellerrand nach Neuseeland.

Ausgrenzung ethnischer Minderheiten in Neuseeland

In Neuseeland wird Minderheiten-Politik sehr ernst genommen. Die Berücksichtigung der Maori, der Ureinwohner Neuseelands, in öffentlichen Ämtern ist von hohem Interesse. Im Jahr 1993 veranlasste das New Zealand Department of Justice eine Untersuchung der

---

3 Anregung zu dieser Geschichte brachte uns die Site
   http://www.fh-fulda.de/~grams/dnkfln.htm#_Simpson'_Paradox

Zusammensetzung der Geschworenen-Jurys.[4] Die Tabelle zeigt den Anteil der Maori in der Bevölkerung und unter den Geschworenen in den einzelnen Distrikten Neuseelands. Der Anteil sollte jeweils gleich sein bzw. um diesen schwanken. Das Ergebnis zeigt jedoch, dass die Maori in allen 13 Distrikten unterrepräsentiert sind, und zwar um so viele Prozentpunkte, wie in der letzten Spalte der Tabelle angegeben.

| Distrikt | Anteil der Maori (Prozent) | | |
	Bevölkerung (Alter 20–64)	Jury	Unter-repräsentanz
Whangarei	17,0	16,8	– 0,2
Auckland	9,2	9,0	– 0,2
Hamilton	13,5	11,5	– 2,0
Rotorua	27,0	23,4	– 3,6
Gisborne	32,2	29,5	– 2,7
Napier	15,5	12,4	– 3,1
New Plymouth	8,9	4,1	– 4,8
Palmerston North	8,9	4,3	– 4,6
Wellington	8,7	7,5	– 1,2
Nelson	3,9	1,7	– 2,2
Christchurch	4,5	3,3	– 1,2
Dunedin	0,3	2,4	– 0,9
Invercargill	8,4	4,8	– 3,6
All Districts	9,5	10,1	– 0,6

Anteil der Maori in der Bevölkerung und unter den Geschworenen in den einzelnen Distrikten Neuseelands

Dem Vorwurf einer verfehlten Minderheitenpolitik könnte man leicht begegnen, indem man exakt dieselben Daten nimmt, aber

---

4 Ian Westbrooke: *Simpson's Paradox. An example in a New Zealand Survey of Jury Composition.* Statistics New Zealand, Te Tari Tatau, Wellington, New Zealand, Catalogue Number 23.100.0097, 1997

nicht nach Distrikten unterteilt. Man erhält dann ein gegenteiliges Ergebnis (letzte Zeile der Tabelle): Die Maori sind in den Geschworenen-Jurys überproportional vertreten – und zwar um 0,6 Prozent! Was ist nun richtig? Und was sagen meine Auftraggeber dazu?

Frauendiskriminierung an der Universität Berkeley

Eine weitere reale Begebenheit stammt von der University of California in Berkeley.[5] Von den sich dort 1973 bewerbenden Frauen und Männern wurde ein deutlich größerer Anteil an Männern zum Studium zugelassen (siehe Tabelle). In den größten Fachrichtungen der Universität Berkeley gab es 2691 männliche Bewerber, von denen 1198, entsprechend 44,5 Prozent, zugelassen wurden. In denselben Fakultäten bewarben sich 1835 Frauen um einen Studienplatz, aber nur 628, entsprechend 34,2 Prozent, waren erfolgreich. Die Wahrscheinlichkeit, einen Studienplatz zu erhalten, war bei den Frauen deutlich geringer. Die relative Wahrscheinlichkeit beträgt

$$\frac{34,2 \text{ Prozent}}{44,5 \text{ Prozent}} = 0,77.$$

Männer			Frauen			Relative Wahrscheinlichkeit (Frau/Mann)
Beworben	Zugelassen	Zugelassen (%)	Beworben	Zugelassen	Zugelassen (%)	
2691	1198	45	1835	628	34	0,77

Zulassungsquoten an der Universität von Berkeley im Jahre 1973

Wenn Frauen und Männer an der Universität Berkeley exakt die gleichen Zulassungschancen haben, dann ist die Wahrscheinlichkeit,

---

5 Bickel, P. J., Hjammel, E. A. und O'Connell, J. W.: Sex Bias in Graduate Admissions: Data From Berkeley. *Science* 187: 398–404, 1975. Vgl. auch David C. Howell: Lies, Damn Lies, and Statistics. http://www.uvm.edu/~dhowell/lies4thedition/Classfolder/Simpson.html (21.9.04).

dass die Zulassungsraten rein zufällig so stark differieren, geringer als 0,01 Prozent. Im Mittel darf eine solche Diskrepanz also nur einmal in 10 000 Semestern auftreten; seit dem Bau der Cheopspyramide knapp einmal. Kein Wunder, dass niemand an einen Zufall glauben mochte. Man sollte die Daten auch aufgeteilt nach Fachrichtungen analysieren, damit man jeden einzelnen Dekan namentlich als Frauendiskriminierer outen kann! Genau das werden wir später in diesem Kapitel tun.

Zweimal verloren und doch gewonnen

In einer von uns ausgedachten Studie wurde getestet, wie gut ein neues Medikament anschlägt. Um etwas schneller die nötige Patientenzahl zu erreichen, tun sich zwei Kliniken zusammen. Die Ärzte in Schlechterdingen sind etwas konservativ und vorsichtiger. Sie verabreichen das neue Medikament lediglich $1/6$ ihrer Patienten. Die meisten erhalten das herkömmliche Medikament, das ja immer ganz gute Dienste geleistet hat. Die Ärzte in Gutenberg sind dagegen optimistischer. Sie verabreichen $5/6$ ihrer Patienten das neue Medikament. Nach längerer Zeit ergibt sich das folgende Bild:

Gutenberg

| 200 mit altem Medikament | 150 Erfolge | 50 Misserfolge | 75 % |
| 1000 mit neuem Medikament | 650 Erfolge | 350 Misserfolge | 65 % |

Schlechterdingen

| 1000 mit altem Medikament | 350 Erfolge | 650 Misserfolge | 35 % |
| 200 mit neuem Medikament | 50 Erfolge | 150 Misserfolge | 25 % |

Das neue Medikament ist in beiden Kliniken weniger wirksam als das herkömmliche Medikament.

In Gutenberg war das alte Medikament bei 150 der 200 damit behandelten Patienten wirksam, also in 75 Prozent der Fälle. Das neue Medikament wirkte dagegen nur bei 650 der 1000 Patienten, das sind 65 Prozent, also 10 Prozentpunkte weniger.

In Schlechterdingen war das alte Medikament bei 350 der 1000 Patienten erfolgreich, also in 35 Prozent der Fälle. Das neue Medikament wirkte dagegen nur bei 50 der 200 Patienten. Das sind 25 Prozent, also ebenfalls 10 Prozentpunkte weniger.

Das neue Medikament ist in beiden Kliniken um 10 Prozentpunkte weniger wirksam als das alte Medikament. Die Initiatoren der Studie sind mit diesem Ergebnis sehr unglücklich, schließlich haben sie viel Geld und Arbeit in die Entwicklung des neuen Medikamentes gesteckt.

Bevor wir zur Pointe kommen, müssen wir noch ein paar Einzelheiten aus dem Forscherdasein preisgeben: Ergebnisse sind nicht gleich Ergebnisse. Studien mit positiven Ergebnissen werden meist ganz anders behandelt als Studien mit negativem Ausgang. Erstere werden mit größerer Wahrscheinlichkeit von den Autoren überhaupt zur Veröffentlichung eingereicht. Auf ein positives Ergebnis kann man stolz sein. Oder man hat ein gutes Verkaufsargument beziehungsweise bekommt die Zulassung für ein Medikament. Wenn allerdings herauskommt, dass die neue Therapie schlechter war als das Standardverfahren, dann trägt dies nicht zum Ruhm desjenigen bei, der die neue Therapie entwickelt oder erfunden hat. Daher werden negative Resultate gern verschwiegen. Die Wahrscheinlichkeit, dass eine Studie von einer Zeitschrift zur Veröffentlichung angenommen wird, ist bei positivem Studienergebnis ebenfalls höher. Dasselbe gilt dann auch für die Wahrscheinlichkeit, dass die Studie gelesen, von der wissenschaftlichen Gemeinschaft zur Kenntnis genommen und letzten Endes auch zitiert wird. Untersuchungen mit negativem Ausgang sind im Allgemeinen deutlich benachteiligt. Dieses Phänomen nennt man *publication bias*. Hierzu zählt auch die Vorliebe von uns Wissenschaftlern für diejenigen Literaturstellen, die die eigene Arbeit bestätigen, während wir widersprechende

Arbeiten leicht übersehen und kaum zitieren. Durch diesen *publication bias* erhält die wissenschaftliche Gemeinschaft ein verzerrtes Bild der Wirklichkeit.

Zurück zu unseren frustrierten, aber dennoch engagierten Ärzten aus Gutenberg und Schlechterdingen. Diesmal haben sie Glück, denn eine Zeitschrift hat sich bereit erklärt, den Beitrag zu drucken, obwohl das Ergebnis negativ ist. Der Herausgeber macht jedoch zur Auflage, den Artikel zu kürzen, da er wegen der negativen Ergebnisse nicht so bedeutsam sei. Insbesondere sollten die Ergebnisse der beiden Kliniken zur Vereinfachung in einer einzigen Tabelle zusammengefasst werden. Die Wissenschaftler folgen diesem Vorschlag und erhalten als verblüffendes Ergebnis die folgende Tabelle:

	Gutenberg & Schlechterdingen		lebend
1200 mit altem Medikament	500 Erfolge	700 Misserfolge	42 %
1200 mit neuem Medikament	700 Erfolge	500 Misserfolge	58 %

Simpsons Paradoxon, zweiter Teil: Fasst man die Ergebnisse beider Kliniken zusammen, so ist das neue Medikament plötzlich wirksamer als das herkömmliche.

Plötzlich scheint das neue Mittel *besser* als das herkömmliche zu sein. Denn das herkömmliche Medikament war lediglich bei 500 der 1200 damit behandelten Patienten wirksam, während das neue Medikament bei 700 der 1200 Patienten wirksam war. Dies ist immerhin ein Unterschied von 16 Prozentpunkten. Je nachdem, ob die Ergebnisse getrennt oder gemeinsam betrachtet werden, erhalten wir als Resultat, dass das neue Medikament entweder um 16 Prozentpunkte besser oder um 10 Prozentpunkte schlechter ist als das herkömmliche.

Hier hat niemand geschummelt. Die Zahlen sind völlig korrekt. Aber es wurden Ergebnisse in einen Topf geschmissen, die nicht zusammengehören. In Gutenberg waren *beide* Medikamente wirksamer als in Schlechterdingen. Dieses Phänomen kann auftreten, wenn beispielsweise die Bevölkerungen von Schlechterdingen und Gutenberg deutlich verschieden sind, weil es in dem einen Ort zehn Altersheime gibt und im anderen zahlreiche Neubausiedlungen mit vielen jungen Familien. Außerdem wurden in Gutenberg mehr Patienten mit dem neuen Medikament behandelt als mit dem alten. Wäre man in Schlechterdingen genauso vorgegangen, hätte es keine Überraschung gegeben. Tatsächlich wurden in Schlechterdingen aber viel mehr Patienten mit dem alten Medikament behandelt. Am Ende hat man also Äpfel mit Birnen verglichen, nämlich, etwas überspitzt, leicht therapierbare Patienten, die das neue Medikament erhielten, mit schlecht therapierbaren, die das neue bekamen.

Simpsons Paradoxon ist heimtückisch, weil es leicht zu übersehen ist. Nicht immer werden bei multizentrischen Studien die Ergebnisse der einzelnen Kliniken wie in unserem Beispiel offen gelegt. Dies wird meist vermieden, um die schlechter abschneidenden Kliniken nicht bloßzustellen. Zusammengefasste Statistiken können, obwohl sie auf den ersten Blick völlig korrekt erscheinen, Informationen unterschlagen. Dadurch können Ergebnisse, wie oben gezeigt, sogar ins Gegenteil verkehrt werden.

Wie wir in Gutenberg und Schlechterdingen gesehen haben, können Daten heftig trügen. Man muss sich fragen, was da eigentlich zusammengemischt wurde, und man muss sich fragen, ob das Ergebnis auch für so genannte Subpopulationen gilt. Um diese Fragen beantworten zu können, benötigt man die Daten.

Kehren wir nun zu unseren kernigen Schlagzeilen über Raucher, Ausländer, Maori und benachteiligte Frauen zurück. Da die Daten der Untergruppen vorhanden sind, können wir sie auch entwirren.

Rauchen tut gut?

Hustekuchen! Wenn man das Alter der Raucherinnen berücksichtigt, zeigt sich schnell ein ganz anderes Bild, zu dem die Mahnhinweise mit Trauerrand auf den Zigarettenschachteln sehr gut passen. In allen hier gezeigten Altersgruppen haben die Nichtraucherinnen eine größere Wahrscheinlichkeit, die nächsten 20 Jahre lebend zu überstehen als die rauchenden Damen. In der jüngsten Gruppe im Alter von 18 bis 44 Jahren leben nach 20 Jahren noch 93 Prozent der Raucherinnen und 96 Prozent der Nichtraucherinnen. In der mittleren Altersgruppe sind es 74 Prozent lebende Nichtraucherinnen im Vergleich zu 68 Prozent Raucherinnen. Auch in der ältesten Gruppe liegen die Nichtraucherinnen vorn. – Was ist geschehen?

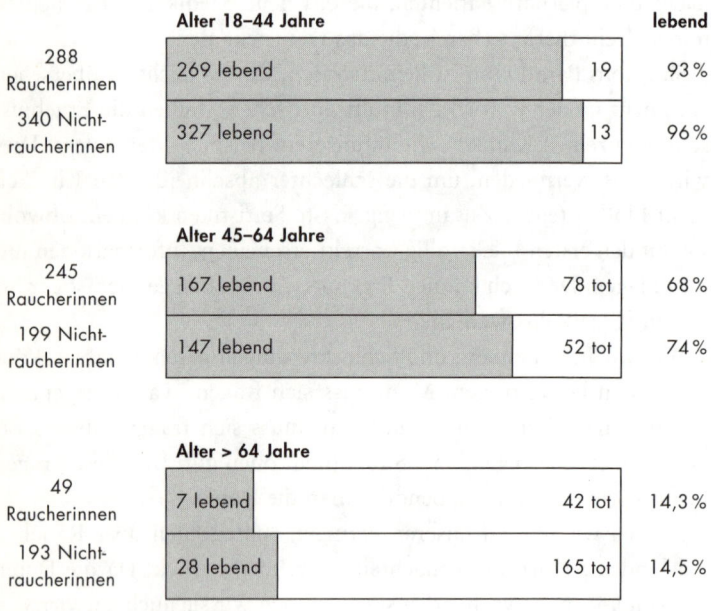

Anzahl der lebenden und nicht mehr lebenden Raucherinnen und Nichtraucherinnen nach 20 Jahren. Wenn man das Alter der Frauen berücksichtigt, kehrt sich das am Anfang dieses Kapitels gezeigte Ergebnis für *alle* Altersgruppen ins Gegenteil um. Die Länge der Balken entspricht den jeweiligen Anteilen der Lebenden und Toten.

Von den 628 Frauen in der jüngsten Altersgruppe rauchen $^{288}/_{628}$ = 0,46 = 46 Prozent. In der mittleren Altersgruppe sind es 55 Prozent. In der höchsten Altersgruppe sind es nur noch 20 Prozent. Ob es so wenige Raucherinnen sind, weil schon so viele jung gestorben sind? Die Wahrheit wird wohl etwas weniger makaber sein: Rauchen ist bei Frauen eine relativ junge Modeerscheinung, die die älteren Frauen nicht in dem Maße mitgemacht haben. Wie dem auch sei, wenn man das Alter nicht berücksichtigt, dann vergleicht man wieder Äpfel mit Birnen. In diesem Falle vergleicht man vornehmlich ältere Nichtraucherinnen mit jungen Raucherinnen. Und da liegt es doch auf der Hand, dass jüngere Frauen noch mehr Lebensjahre vor sich haben als ältere. Es ist also unerlässlich, die Raucherinnen und Nichtraucherinnen nach Alter zu unterscheiden.

Ob blond, ob schwarz, ob braun: Alle gehn mal klaun.

Bei genauerer Betrachtung der Daten zeigt sich, dass die Kriminalitätsrate in Bootvollshausen räumlich nicht gleichmäßig verteilt ist. Im Ortsteil Bloß-Weg ist sie neunmal höher als in Schönhausen. Die folgende Tabelle bringt es an den Tag. Der Ortsteil Bloß-Weg zeichnet sich verkehrstechnisch durch eine viel befahrene Ausfallstraße und architektonisch durch äußerst kostengünstige und praktische Plattenbauten aus. Bloß-Weg ist bei den Deutschen nicht gerade beliebt und hat daher eher einkommensschwache Mieter gehalten bzw. angezogen. Dadurch ist der Ausländeranteil in Bloß-Weg besonders hoch, weil die einkommensstarken Ausländer es vorziehen, in ihrer schönen Heimat zu bleiben, wo so viele einkommensstarke Deutsche ihren Urlaub verbringen. Und wenn sie nicht im Urlaub sind, dann wohnen sie mit Vorliebe in Ortsteilen wie Schönhausen. Dort ist es schön und schön ruhig. Es kommt nur eine Straftat auf 1000 Einwohner, egal welcher Herkunft.

Ortsteil Bloß-Weg			
	Einwohner	Straftaten je Jahr	pro 1000 Einwohner
Ausländer	10 000	90	9
Deutsche	10 000	90	9

Ortsteil Schönhausen			
	Einwohner	Straftaten je Jahr	pro 1000 Einwohner
Ausländer	10 000	10	1
Deutsche	90 000	90	1

Kriminalitätsstatistik von Bootvollshausen unter Berücksichtigung der Ortsteile

Kommen wir zurück zur «Ursachenforschung». Der Zusammenhang zwischen «Ausländer» und hoher Kriminalitätsrate ist dahin. Die Anzahl krimineller Delikte pro 1000 in- oder ausländischer Einwohner ist gleich. Sie beträgt 9 pro 1000 Nasen in Bloß-Weg und 1 pro 1000 Nasen in Schönhausen. Die erste Analyse ist also alles andere als beweisend. Das ist ein Vergleich von einkommensschwachen mit einkommensstarken Bevölkerungsgruppen, und es drängt sich der Verdacht auf, dass die kriminelle Neigung mit dem Einkommen, dem Ambiente, der Stimmung in der Nachbarschaft usw. zusammenhängt, aber nicht mit der Herkunft. Eine andere Erklärungsmöglichkeit bestünde darin, dass die Einkommensschwachen öfter erwischt werden, weil sie Straftaten begehen, die öfter und nachhaltiger verfolgt werden. Möglicherweise werden die Straftaten der Einkommensstarken eher als Kavaliersdelikte eingestuft, viel seltener verfolgt und noch seltener aufgeklärt.

Ethnische Minderheit ist unterrepräsentiert

Kehren wir zurück ins schöne Neuseeland und zu der Frage, ob die ethnische Minderheit der Maori in den Geschworenen-Jurys über- oder unterrepräsentiert ist. Dazu greifen wir die Städte Rotorua und Nelson als Beispiele aus der Tabelle oben im Text heraus. Die Städte sind ungefähr gleich groß, aber sie unterscheiden sich in zwei Dingen. Der Anteil der Maori ist in Rotorua mit 27 Prozent wesentlich höher als in Nelson, wo er knapp 4 Prozent beträgt. Außerdem kommen in Rotorua auf 1000 Einwohner $1000 \times {}^{337}/_{32898} = 10{,}2$ Geschworene, während es in Nelson nur $1000 \times {}^{57}/_{33987} = 1{,}7$ Geschworene sind. Nebenbei bemerkt scheint auch in Neuseeland, wie in Bootvollshausen, die Beschäftigungsquote der Justiz von Ort zu Ort verschieden zu sein.

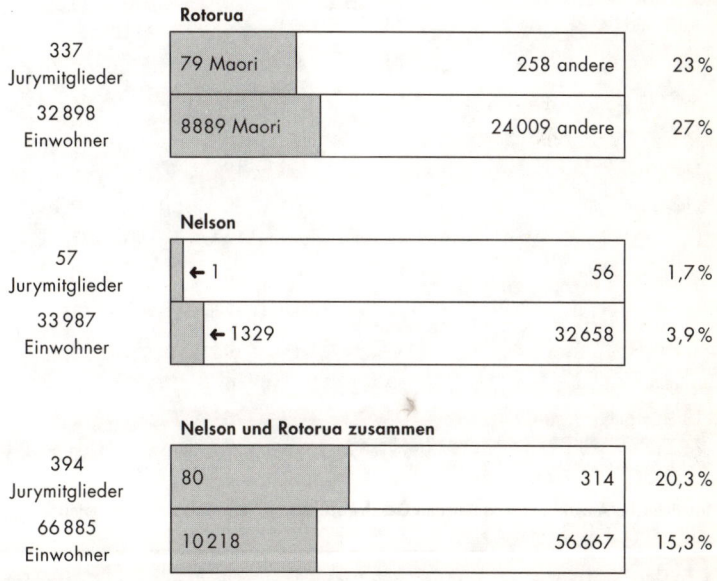

Anteil der Maori in der Bevölkerung und unter den Geschworenen in zwei ausgewählten Distrikten Neuseelands

Kombinieren wir Nelson und Rotorua, so wie wir es bereits mit den Patienten in Gutenberg und Schlechterdingen getan haben, dann entsteht der Eindruck, dass die Maori um 20,3 Prozent – 15,3 Prozent = 5,0 Prozent übervertreten sind. In Neuseeland gibt es ein Nordsüdgefälle im Anteil der Maori und in der Anzahl der Geschworenen pro Einwohner, sodass auch die Kombination von allen 13 Distrikten zu einem paradoxen Ergebnis führt.

In der nebenstehenden Tabelle ist die Maori-Situation mit entschärftem Konfusionspotenzial dargestellt. Hier wurde einfach abgezählt, wie viele Jurorenplätze in den einzelnen Distrikten zu vergeben sind und wie viele davon auf Maori entfallen müssten. In den Distrikten fehlen null bis zwölf Maori-Juroren. Landesweit sind insgesamt 50 Jurorenplätze fehlbelegt.

	Tatsächlich	Erwartet	Differenz
Whangarei	28	28	0
Auckland	74	76	2
Hamilton	23	27	4
Rotorua	79	91	12
Gisborne	23	25	2
Napier	15	19	4
New Plymouth	4	9	5
Palmerston North	7	14	7
Wellington	28	33	5
Nelson	1	2	1
Christchurch	11	15	4
Dunedin	4	6	2
Invercargill	3	5	2
Total	**300**	**350**	**50**

Tatsächliche Anzahl Maori unter den Geschworenen im Vergleich zur erwarteten[8]

---

[8] Tabelle aus Ian Westbrooke: *Simpson's Paradox. An example in a New Zealand Survey of Jury Composition.* Statistics New Zealand, Te Tari Tatau, Wellington, New Zealand, Catalogue Number 23 100 0097, 1997

Diese Überschrift käme den Tatsachen näher. Die folgende Tabelle zeigt die Zulassungsquoten aufgeschlüsselt nach Fakultäten. In vier der sechs Disziplinen haben die Frauen die Nase vorn bei der Zulassung. Das sieht man, indem man die jeweiligen Zulassungsquoten vergleicht oder sich die relative Wahrscheinlichkeit ansieht, einen Studienplatz zu erhalten. Nur in zwei Fakultäten (C und E) haben die Frauen eine geringere Wahrscheinlichkeit als die Männer, einen Studienplatz zu erhalten.

Dies steht mal wieder im Gegensatz zu dem, was der erste Blick nahe legte. Des Rätsels Lösung liegt in dem ungleichen Ansturm auf die Fakultäten und in der ungleichen Zulassungsquote. Die Männer haben es sich einfach gemacht und sind in Scharen zu den Fakultäten A und B gelaufen, die insgesamt die höchsten Zulassungsquoten haben. 1385 Männer (= 51 Prozent) haben es auf die billige Tour versucht. Im Vergleich dazu haben sich 133 Frauen (= 7 Prozent; in Worten: sieben!) für die Discount-Fakultäten interessiert. An die Fächer E und F mit der geringsten Zulassungsquote trauten sich 40 Prozent der Frauen (734 Frauen), aber nur 21 Prozent der Männer (564 Männer). Dadurch scheint es, wenn man den Schwierigkeits-

Fakul- tät	Männer			Frauen			Rela- tive Wahr- schein- lichkeit
	Bewor- ben	Zuge- lassen	Zuge- lassen (%)	Bewor- ben	Zuge- lassen	Zuge- lassen (%)	
A	825	512	62	108	89	82	1,33
B	560	353	63	25	17	68	1,08
C	325	120	37	593	202	34	0,92
D	417	138	33	375	202	54	1,63
E	191	53	28	393	94	24	0,86
F	373	22	6	341	24	7	1,19
Summe	2691	1198	45	1835	628	34	0,77

grad der Zulassung nicht berücksichtigt, dass die Männer mehr bekommen haben, als ihnen zusteht. Berücksichtigt man den Schwierigkeitsgrad, dann sind die Frauen keineswegs benachteiligt worden. Sie haben es sich nur nicht so einfach gemacht wie die Herren.

Sind die Frauen gar bevorzugt worden? In der Fakultät D ist der Unterschied besonders eklatant. Die Wahrscheinlichkeit, dass dieser Unterschied zufällig aufgetreten ist, obwohl Frauen und Männer gleich behandelt werden, ist wieder geringer als 0,01 Prozent. Das kann kein Zufall sein und es muss diesmal auch niemand an Zufall glauben. Es war damals offizielle Politik der Universität Berkeley, den Frauenanteil an der Universität zu erhöhen. Warum? Weil die Wahrscheinlichkeit, dass auf 2691 männliche Studienbewerber rein zufällig nur 1835 weibliche kommen, obwohl es eigentlich genauso viele sind, noch sehr, sehr, sehr viel kleiner als 0,01 Prozent ist.

Simpsons Paradoxon ohne Ende

Kehren wir noch einmal zurück zu unseren Forschern in Gutenberg und Schlechterdingen. Sie folgten dem Rat des Herausgebers, fassten ihre Tabelle zusammen und publizierten das Ganze. Ohne lange darüber nachzudenken oder nach dem Motto: Hauptsache, publiziert. Eine Veröffentlichung mehr im Lebenslauf und Scoring-Punkte im Bewertungssystem der heimischen Universität. Der Leser des Artikels wird nun darüber informiert, dass das neue Medikament für die Patienten der Gemeinde Gutenberg-Schlechterdingen die bessere Wahl ist. Und damit wird er falsch informiert sein. Wie wir gesehen haben, kehrt sich das Ergebnis um, wenn man berücksichtigt, in welcher Klinik die Patienten behandelt wurden. Offenbar unterscheiden sich die Patientenkollektive zumindest im Mittel und zumindest in einer Eigenschaft, denn die Ergebnisse fallen sehr unterschiedlich aus. Berücksichtigt man diese Information, kommen wir wiederum zu dem Schluss, dass das alte Medikament besser wirkt als das neue.

Dies ist aber nicht der Weisheit letzter Schluss. Wenig später macht sich ein junger Molekularmediziner über die Akten und die sorgfältig aufbewahrten Blut- und Gewebeproben der Patienten der Gutenberger Klinik her. Der junge Mann hat die Mutation IfA[9] eines Genes beschrieben, das nach seiner Auffassung eine wichtige Rolle im Stoffwechsel spielt. Und weil dieses Gen so wichtig ist, hat er gleich noch einen Schnelltest für die Mutation bis zur Marktreife entwickelt. Mit Hilfe des Tests und einer Gewebeprobe teilt er die Patienten nachträglich in IfA-positiv und IfA-negativ ein. Von den 1200 Patienten sind 350 IfA-positiv. Von diesen wurden 150 mit dem alten Medikament behandelt und 200 mit dem neuen (siehe die folgende Tabelle). Insgesamt sprachen die IfA-positiven Patienten sehr gut an. «Das widerspricht meiner Stoffwechseltheorie mitnichten und bestätigt sie somit», denkt der junge Forscher, «zumindest ein wenig. Was nicht gegen mich ist, ist für mich, oder?» Die Erfolgsrate liegt im 90-Prozent-Bereich. Und erstaunlicherweise ist das neue Medikament nun plötzlich besser als das alte, das doch eben noch besser war als das neue!? Auch bei den IfA-negativen übertrifft das neue Medikament das alte. Zusammenzählen der Patienten, Feld für Feld, zeigt, dass niemand verschwunden ist oder die Gruppe gewechselt hat. Es geht alles mit rechten Dingen zu und ist einfach Simpsons Paradoxon, nur eine Umdrehung weiter.

Gutenberg

200 mit altem Medikament	150 Erfolge	50 Misserfolge	75%
1000 mit neuem Medikament	650 Erfolge	350 Misserfolge	65%

Die bekannte Tabelle der Gutenberger Patienten

---

[9] Derartige Entdeckungen erhalten oft Phantasienamen oder Abkürzungen.

Gutenberg: IfA-positiv

150 mit altem Medikament	135 Erfolge · 15 Misserfolge →	90 %
200 mit neuem Medikament	190 Erfolge · 10 Misserfolge →	95 %

Die Tabelle der IfA-positiven Gutenberger Patienten

Gutenberg: IfA-negativ

50 mit altem Medikament	15 Erfolge · 35 Misserfolge	30 %
800 mit neuem Medikament	460 Erfolge · 340 Misserfolge	58 %

Die Tabelle der IfA-negativen Gutenberger Patienten

Wenn man nur die Publikation der Gutenberg-Schlechterdinger Gemeinschaftsproduktion liest, sollte man in Zukunft das neue Medikament verschreiben. Wenn man weiß, aus welcher Ortschaft die Patienten stammen, sollte man besser das alte Medikament verschreiben, und wenn man weiß, ob die Patienten IfA-mutiert sind, sollte es doch besser wieder das neue sein. Alles klar? Ja? Sehr gut. Aber seien Sie darauf gefasst, dass mit dem nächsten neuen Test, der die Patienten noch weiter unterteilt, das alte Medikament wieder die Nase vorn haben könnte.

Simpsons Paradoxon kommt auch bei der zweiten Umdrehung wieder dadurch zustande, dass die IfA-positiven und -negativen Patienten ungleich über die Behandlungen verteilt sind. Den insgesamt therapieresistenteren IfA-negativen wurde fast nur das neue Medikament gegeben (in 800 Fällen von 850). Dadurch entsteht der Eindruck, die neue Therapie sei die schlechtere. Solche Unausgewogenheiten entstehen seltener, wenn die Patienten über die Behandlungsgruppen randomisiert[10] werden. Randomisieren hat den unschätzbaren Vor-

---

10 Randomisieren bedeutet in diesem Zusammenhang, dass die Patienten nach einem Zufallsverfahren über die Behandlungsgruppe verteilt werden.

teil, dass man auch unbekannte Größen weitgehend gerecht verteilt. Allerdings nur weitgehend. Der Zufall spielt dabei mit und es können sich durchaus relevante Ungleichverteilungen ergeben. Entsprechend der Definition der statistischen Signifikanz führen fünf Prozent aller Randomisierungen zu statistisch signifikant ungleichen Verteilungen. Dies lässt sich nur umgehen, wenn man dafür sorgt, dass Personengruppen mit besonders günstiger und besonders ungünstiger Prognose in den Behandlungsgruppen gleich häufig vorkommen.[11] Das geht verständlicherweise nur, wenn man die entsprechenden prognostisch relevanten Variablen kennt und auch erfasst. Kennen und erfassen kann man aber nur solche Variablen, die bis dato gefunden oder erfunden wurden. Vor Simpsons Paradoxon ist man also nie sicher.

Machen Sie Ihre eigene Simpson-Studie

Sie testen ein von Ihnen entwickeltes Präparat in der Klinik Niedenhain. Die Ergebnisse stehen in der Tabelle. Das sieht nicht gut aus für Sie.

Niedenhain				
	Patienten	Erfolg	Misserfolg	Anteil Erfolge
Ihr Medikament	10	1	9	10 Prozent
Konkurrenz-Präparat	100	20	80	20 Prozent

In der Klinik Hochhagen liegen die Ansprechraten meistens höher, weil die Patienten sehr viel jünger sind. Sie schätzen die ungefähren Ansprechraten so ein, wie in der nächsten Tabelle in der letzten Spalte angegeben. Sie liegen deutlich höher als in Niedenhain. Aber auch in Hochhagen ist Ihr Medikament unterlegen.

---

11   Am besten wird dies durch blockweise stratifizierte Randomisierung erreicht.

Wie gut Ihr Medikament tatsächlich ist, ist Ihnen völlig egal. Sie möchten Ihre Investitionen wieder raushaben und brauchen jetzt ein positives Ergebnis, und zwar schnell. Sie können die Hochhagener dazu motivieren, ebenfalls 110 Patienten in die Studie einzubringen. Am Ende wollen sie die Ergebnisse beider Kliniken zusammenlegen und dann soll es gut aussehen für Ihr Medikament. Wie möchten Sie (vielleicht unter Berücksichtigung wenigstens einer kleinen Schamgrenze) diese Patienten am liebsten über die Behandlungsgruppen aufteilen?

Hochhagen				
	Patienten	Erfolg	Misserfolg	Anteil Erfolge
Ihr Medikament	…	…	…	30 Prozent
Konkurrenz-Präparat	…	…	…	40 Prozent

Wie sieht dann das Gesamtergebnis aus? Hat es sich gelohnt?

Niedenhain und Hochhagen				
	Patienten	Erfolg	Misserfolg	Anteil Erfolge
Ihr Medikament	…	…	…	… Prozent
Konkurrenz-Präparat	…	…	…	… Prozent

Die Lösungen hierzu finden Sie auf Seite 197 f.

13. Die Eins an erster Stelle auf Platz eins
Das Newcomb-Benford-Phänomen der ersten Ziffer

Die Neugier
steht immer an erster Stelle eines Problems,
das gelöst werden will.

GALILEO GALILEI

Ritas gesellige Hausnummern

Rita ist natürlich nicht abergläubisch. Aber sie kennt sich in Numerologie aus. Vor allem die Zahlen 13 und 3 spielen in ihrem Leben eine besondere Rolle. Am 13. März bleibt sie jedenfalls immer im Bett. Und als sie 3 × 13 Jahre alt wurde, da fühlte sie sich das ganze Jahr über ziemlich elend. Zahlen können sprechen, sagt Rita. Ihre Sprache sei die Numerologie – eine uralte Wissenschaft, die auf Pythagoras zurückgehe. Rita ist fest davon überzeugt, dass im Geburtsdatum und im Namen verborgene Zahlen viel über Menschen und ihr Schicksal verraten, über ihre Fähigkeiten und Gaben, aber auch über Gefahren, die ihnen drohen.

Rita bearbeitet bei einer Versicherung die Schadensmeldungen der Sparte «Freizeitunfall». Vor ein paar Tagen ist ihr bei einer eigenmächtigen Recherche aufgefallen, dass Menschen, deren Hausnummer mit einer 1 beginnt, viel häufiger Freizeitunfälle erleiden als die anderen. Seither achtet sie auf die Hausnummern der Versicherten und hat bemerkt, dass sie von Geschädigten, deren Hausnummern mit 9 beginnen, kaum Unfallmeldungen bekommt.

In der Kantine erzählt sie ihrer Kollegin Hanna von dieser Beobachtung. Die lacht sie aber nur aus: «Du mit deinem Zahlenspleen!» Am selben Tag erhält Hanna eine Reihe Schadensmeldungen von Versicherungsnehmern, deren Hausnummer ebenfalls mit 1 beginnt. «Damit und mit den Daten der letzten 4 Wochen gehe ich mal zu unserem Statistiker», sagt sich Hanna.

«Das ist sogar ‹statistisch signifikant›, hat unser Statistiker gesagt», berichtet Hanna etwas kleinlaut bei der nächsten Begegnung mit Rita. «Auch bei meinen Kaskoschäden überwiegt die 1 an erster Stelle.»

«Siehst du!», triumphiert Rita, «ich verstehe zwar nicht, was statistisch signifikant bedeutet, aber ich weiß von meinem Wissenschaftler-Cousin, der schon massenhaft derartige Ergebnisse produziert hat, dass mein Verdacht damit als wissenschaftlich abgesichert gilt.»

«Aber gibt es denn dafür eine vernünftige Erklärung?», argwöhnt Hanna.

«Ganz klar. Entweder sind diese Menschen besondere Pechvögel, oder sie sind besonders aktiv. Nur wer etwas macht, kann einen Unfall erleiden. Deshalb bleibe ich am 13. März immer im Bett. Und mir ist bis heute nichts passiert – toi, toi, toi!»

«Aber wie könnte man feststellen, ob Menschen mit niedriger Hausnummernanfangsziffer besonders aktiv sind?», bohrt Hanna nach.

«Du, ich muss los. Die Mittagspause ist zu Ende!»

Am Abend will Rita ihre Freundin Paula anrufen, um ihr von allem zu berichten. Paula müsste dazu auch etwas sagen können. Schließlich unterrichtet sie Mathematik in der Oberstufe des Gymnasiums und teilt in gewisser Weise Ritas Zahlenschwäche. Sie schlägt Paulas Telefonnummer in ihrem Adressbuch nach: «Ach, na so was: Hausnummer 17. Passt!» Paula ist nun wirklich ein sehr aktiver Mensch. Sie hat einen riesigen Freundeskreis und ist immer auf Achse. Da kommt Rita auf die Idee, eine Liste zu machen. Sie geht ihr Adressbuch durch und macht bei jeder vorhandenen Hausnummer einen Strich.

Erste Ziffer der Hausnummer	Strichliste
1	I I I I I I I I
2	I I I I
3	I
4	I I
5	I
6	I
7	I
8	I
9	

Rita ist fasziniert. Sie kennt offenbar viel mehr Menschen, die in Häusern wohnen, deren Nummer mit 1 oder 2 beginnt. Das wäre doch ein klarer Hinweis darauf, dass es sich zumindest um sozial aktivere Menschen handelt. Jetzt ruft sie ihre Kollegin von der Kaskoversicherung an. Die macht dasselbe mit ihrem Adressbüchlein und kommt zu einem ähnlichen Ergebnis. Allerdings kennt sie vier Leute, deren Hausnummer mit 4 beginnt. «Aber das kommt davon, dass ich drei Schwestern habe», sagt sie. «Ich tendiere immer zur Vier.» Auffälligerweise kennt sie auch niemanden, der in einem Haus mit der Anfangsziffer 9 wohnt. «Das scheinen extrem kontaktarme Menschen zu sein, die kaum jemanden kennen.» Rita, die in Hausnummer 10 wohnt, kann dies nur bestätigen. Im Haus gegenüber, in der Nummer 9, ist es immer ganz still. Nur selten sieht man Menschen am Fenster. Besuch scheinen die überhaupt nicht zu bekommen. Bei Rita im Haus ist aber fast immer irgendwo Party.

Wie ist es denn bei Ihnen, der Leserin oder dem Leser dieser Zeilen? Machen Sie doch auch so eine Liste anhand Ihres Adressbüchleins. Natürlich tragen Sie nur die Hausnummern ein, die auch tatsächlich in dem Büchlein geschrieben stehen. Und wenn Ihre Firmenadresse die Hausnummer 52 hat, dann tragen Sie diese Hausnummer bitte *nicht* bei jeder Ihrer Kolleginnen mit ein. Insgesamt sollten es schon mindestens 20 verschiedene Adressen sein.

Erste Ziffer der Hausnummer	Ihre Strichliste
1	
2	
3	
4	
5	
6	
7	
8	
9	

Und? Ist es bei Ihnen genauso wie bei Rita? Wenn ja, dann wäre das eine weitere Bestätigung von Ritas Hypothese über aktive Menschen und niedrige Hausnummern.

Newcomb, Benford und ein paar Fettflecken in der Logarithmentafel

Eine ähnliche Beobachtung, nämlich dass kleinere Ziffern häufiger an erster Stelle stehen als große, wurde im Jahre 1881 vom amerikanischen Astronomen Simon Newcomb[1] gemacht. Als Taschenrechner waren damals allenfalls Abakus und Rechenschieber bekannt. Gerechnet wurde mit Papier und Bleistift. Bei umfangreichen Multiplikationen war das Rechnen mit Logarithmen eine enorme Erleich-

---

[1] Newcomb, S.: Note on the frequency of the use of the digits in natural numbers. *Amer. Jour. Math.* 4: 39–40, 1881

terung. Statt zwei Zahlen miteinander zu multiplizieren, nimmt man deren Logarithmen, addiert sie und nimmt von der Summe den Anti-Logarithmus, und «schon» hat man das Ergebnis. Die Logarithmen der zu verarbeitenden Zahlen konnte man in umfangreichen Tafeln nachschlagen. Allerdings besaß nicht jeder seine eigenen Tafeln, sondern man musste sich auf den Weg in die Bibliothek machen, um sich aus einem öffentlich zugänglichen Werk seine Zahlen herauszusuchen. In einer Logarithmentafel sind die Zahlen nach Anfangsziffer sortiert, und Simon Newcomb hatte nun beobachtet, dass die Tafeln vorne wesentlich abgegriffener waren als hinten. Die Seiten mit den «Einsern» mussten sehr viel mehr Fingerfett in sich aufnehmen und waren viel zerknitterter als die mit den «Sechsern» oder gar den «Neunern». Möglicherweise hatte er seine Beobachtung auch noch in einer oder gar mehreren anderen Bibliotheken überprüft und dann überlegt, ob es vielleicht in der Natur, der Technik, dem Finanzwesen usw. mehr Zahlen, die mit 1 beginnen, gäbe als mit 2 oder 3 und so fort. Newcomb analysierte einige natürlich vorkommende Datensätze und leitete für das Auftreten der ersten Ziffern eine Formel her.

Ein paar Jahrzehnte später, im Jahre 1938, machte Dr. Frank Benford, ein Physiker bei General Electric, dieselbe Entdeckung, der Überlieferung nach ebenfalls an Logarithmentafeln. Er führte jedoch sehr viel umfangreichere Untersuchungen als Newcomb durch. Benfords Bemühungen wurden im Gegensatz zu Newcombs zur Kenntnis genommen, und die von ihm nochmals hergeleitete Formel ging ihm zu Ehren als «Benfords Gesetz»[2] in die Geschichte der Mathematik ein (Malcolm W. Browne, 1998[3]). Armer Newcomb! Ironischerweise steht gerade diesmal bei der Namensgebung nicht die Nummer 1 an erster Stelle.

---

2   Benford, F.: The Law of Anomalous Numbers. *Proc American Philosophical Society* 78(4): 551–772, 1938

3   Browne, M. W.: Following Benford's Law, or Looking Out for No. 1. *The New York Times*, Tuesday, August 4, 1998

Benford, Banken und Bahamas

Unser Zahlensystem ist aus den Ziffern 0 bis 9 aufgebaut. Die erste bedeutsame Stelle einer Zahl wird von den Ziffern 1 bis 9 belegt. Vorangehende Nullen werden ignoriert. Überprüfen Sie dies mal an Ihrem Kontoauszug. Dort ist zwar ausreichend Platz selbst für 7-stellige Zahlen (Das wäre doch mal was!), aber wenn Sie 1216 € auf dem Konto haben, dann steht da 1216,00 € und nicht 0 001 216,00 €. Von echten Zufallszahlen erwarten wir außerdem, dass jede Ziffer mit gleicher Wahrscheinlichkeit an erster Stelle erscheint. Bei einer langen Liste von Zufallszahlen sollte folglich die 1 in einem Neuntel der Fälle an erster Stelle stehen, die 2 ebenfalls usw.

Bei natürlich auftretenden Zahlen scheint dies jedoch nicht zwangsläufig zuzutreffen. Bei der Fläche der Bahama-Inseln beispielsweise, egal ob in Quadratmeilen oder Quadratkilometern angegeben, ist die Wahrscheinlichkeit, einer 1 an erster Stelle zu begegnen, etwa 6fach größer, als auf eine 9 zu treffen. Aber auch zufällig aus dem Telefonbuch oder auf einer größeren Party gesammelte Hausnummern scheinen diese Eigenart zu besitzen, wie Sie ein paar Seiten vorher vielleicht schon am eigenen Adressbuch erfahren haben.

Newcomb und Benford haben die folgenden Häufigkeiten der ersten bedeutsamen Ziffern festgestellt:

Ziffer	1	2	3	4	5	6	7	8	9
Häufigkeit (%)	30,1	17,6	12,5	9,7	7,9	6,7	5,8	5,1	4,6

Die 1 und die 2 zusammen stehen bei fast der Hälfte (47,7 %) aller Zahlen an erster Stelle! Und die 1 ist fast siebenmal häufiger als die 9. Daraus kann man gewinnträchtige Wetten herleiten, sofern man nicht davor zurückschreckt, sich durch mangelnde Fairness unbeliebt zu machen. Bieten Sie auf einer Party die Wette an, dass Sie jedem, dessen Bargeldinhalt des Portemonnaies mit der Anfangsziffer 4, 5,

6, 7, 8 oder 9 beginnt, einen Euro bezahlen, sofern Sie von jedem mit der Anfangsziffer 1, 2 oder 3 ebenfalls einen Euro bekommen. Da nach Benford 60,2 Prozent der Beträge mit 1, 2 oder 3 beginnen, werden Sie in 60,2 Prozent der Fälle einen Euro gewinnen und in 39,8 Prozent der Fälle einen Euro verlieren. Im Schnitt verdienen Sie also rund 20 Cent pro Partygast. Sympathiegewinne sind allerdings nur zu erzielen, wenn Sie Pech haben sollten und mit einem gewinnenden Lächeln unter dem Strich mehr auszahlen, als Sie einnehmen, und sich als guter Verlierer profilieren. Je kleiner die Runde, umso größer das Risiko für Geldverluste aufgrund zufälliger Abweichungen von der erwarteten Verteilung der Anfangsziffern.

Sie könnten das Spiel natürlich auch mit den Hausnummern der Anwesenden machen. Dann könnte man Ihnen allerdings unterstellen, dass Sie ohnehin die Adresse einer Reihe der Anwesenden kennen. Außerdem haben Hausnummern auch ihre Tücken. Bei einem Nachbarschaftsfest im Haus Nr. 63 haben Sie schlechte Karten für Ihre Wetten.

Wucherzinsen als Idealfall

Aber *warum* ist das alles so? Wie kommt es zu dieser merkwürdigen Verteilung? Es gibt doch nicht mehr Zahlen zwischen 1 und 2 als zwischen 8 und 9! Paul Scott und Maria Fasli[4], die beide an der Universität von Essex Computer-Wissenschaft lehren, haben sich dem Thema gewidmet und warten unter anderen mit einer Erklärung auf, die wir im Folgenden skizzieren.

Der absolute Idealfall für Benfords Gesetz sind Zahlen, die sich bei Zinsen und Zinseszinsen ergeben. Stellen wir uns das Sparbuch eines

---

4 Scott, P. D., Fasli, M.: Benford's Law: An Empirical Investigation and a Novel Explanation. *CSM Technical Report 349*, Department of Computer Science, University of Essex, October 2001.

Kindes vor, das Patentante Margarete zur Taufe mit 100 DM eröffnet hat. Jawohl, es war noch die gute alte «Dehmark». Das Kind studiert mittlerweile. Tante Margarete hatte seinerzeit ihre Beziehungen zum Filialleiter spielen lassen und einen festen Zinssatz von 10 Prozent ausgehandelt. Es dauerte 7,27 Jahre, bis aus den 100 DM ein Guthaben von 200 DM wurde. 7,27 Jahre lang war die erste Ziffer eine 1 (siehe Tabelle). Nach weiteren 4,25 Jahren waren aus den 200 DM schon 300 DM geworden. Es dauerte 24,16 Jahre, bis sich der Betrag genau verzehnfacht hatte. In der letzten Spalte steht der Zeitanteil an den nächsten 24,16 Jahren, den der Betrag jeweils mit einer 1 oder 2 oder 3 usw. an erster Stelle zugebracht hat. Das Ergebnis entspricht genau, und zwar mathematisch exakt, dem, was man nach dem Newcomb-Benford'schen Gesetz erwarten kann.

Guthaben (DM)	Gesamtzeit (Jahren)	Dauer (Jahren)	Zeitanteil (%)
100 – 200	7,27	7,27	30,1
200 – 300	11,53	4,25	17,6
300 – 400	14,55	3,02	12,5
400 – 500	16,89	2,34	9,7
500 – 600	18,80	1,91	7,9
600 – 700	20,42	1,62	6,7
700 – 800	21,82	1,40	5,8
800 – 900	23,05	1,24	5,1
900 – 1000	24,16	1,11	4,6

Und wenn Tante Christa aus Toronto 30 kanadische Dollar zum gleichen Zinssatz spendiert hätte? Gäbe es dasselbe? – Ja, gäbe es. Die nächste Tabelle gibt Auskunft über den Verlauf des Guthabens. Der Zeitanteil der ersten Ziffern ist nach wie vor derselbe. Es ist offenbar unerheblich, bei welchem Betrag, bzw. in welcher Währung, das Guthaben verzinst wird. Wichtig ist, dass es mit einem prozentualen

Anteil pro Jahr anwächst. Und da das Guthaben sich verdoppeln muss, um sich von 100 nach 200 zu vermehren, es aber nur um ein Neuntel wachsen muss, um von 900 auf 1000 zu kommen, dauert es deutlich länger, um von der Anfangsziffer 1 wegzukommen, als um von der Anfangsziffer 9 wegzukommen.

Guthaben (CAD)	Gesamtzeit (Jahre)	Dauer (Jahre)	Zeitanteil (%)
30 – 40	3,02	3,02	12,5
40 – 50	5,36	2,34	9,7
50 – 60	7,27	1,91	7,9
60 – 70	8,89	1,62	6,7
70 – 80	10,29	1,40	5,8
80 – 90	11,53	1,24	5,1
90 – 100	12,63	1,11	4,6
100 – 200	19,90	7,27	30,1
200 – 300	24,16	4,25	17,6

Der Name für dieses Wachstum durch Zins und Zinseszins ist «exponentiell». Bei «exponentiellem» Wachstum wird das Benford'sche Gesetz exakt erfüllt. Betrachtet man eine größere Anzahl Sparguthaben, dann sollten etwa 30 Prozent davon eine 1, rund 18 Prozent eine 2 usw. an erster Stelle haben. Das Gleiche gilt für alles, was exponentiell wächst, wie die Anzahl der Salmonellen im Hühnchen, die Ratten im Kanal oder die Pilze auf dem Käse. Und es gilt auch für die Börsenkurse. Im September 2004 sahen die Häufigkeiten der Anfangsziffern der Aktienkurse im DAX (30 Werte) und im MDAX (50 Werte) beispielsweise wie folgt aus:

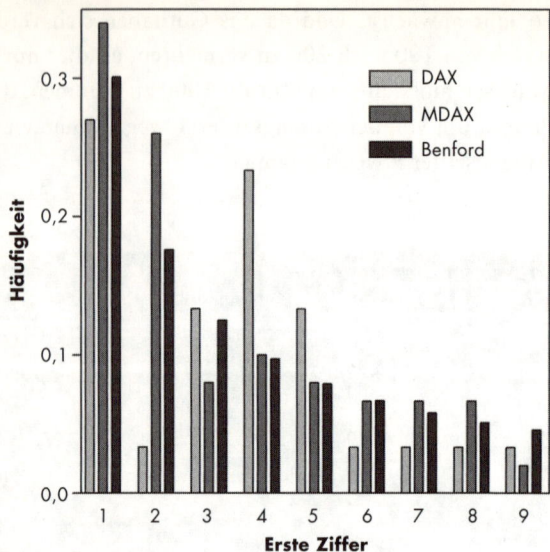

Häufigkeiten der Anfangsziffern der DAX- und MDAX-Aktienkurse am 6. September 2004

Begradigung von Explosionen und der Goldschatz von Fort Knox

Wenn Sie nicht gerade täglich damit zu tun haben, dann haben Sie mittlerweile sicherlich vergessen, was ein Logarithmus ist. Keine Sorge, wir werden hier keine mathematische Definition der Logarithmen liefern. Aber anschaulich machen möchten wir es schon, denn wir brauchen die Logarithmen jetzt.

Betrachten wir einfach einmal ein paar Zahlen. Die Zahl 8276 ist vier Ziffern lang. Die Zahl 3 ist eine Ziffer lang und die Zahl 2 098 947 ist sieben Ziffern lang. Über den Daumen gepeilt ist die Länge einer Ziffer deren Logarithmus. Das ist doch nicht wirklich schwierig, oder? Etwas genauer wird es schon, wenn wir von der Länge noch einen abziehen. Der Logarithmus von 2489 wäre dann also ungefähr 3 (genauer 3,396). Und der Logarithmus von 1 083 398

DIE EINS AN ERSTER STELLE AUF PLATZ EINS

wäre dann ungefähr 6 (genauer 6,035). Auch das ist doch eigentlich gar nicht so schwierig.

Exakt gilt das für Zahlen wie 1000 und 100 000. Der Logarithmus von 1000 ist exakt 3 und der von 100 000 ist exakt 5. Je größer die Zahl ist, umso größer ist auch der Logarithmus. Und man kann sich unschwer vorstellen, dass der Logarithmus von 100 001 kaum größer als 5 ist, während der Logarithmus von 999 999 fast schon 6 ist, obwohl die Zahl nur 6 Stellen lang ist.

Wenn man das Guthaben der von Tante Margarete oder Tante Christa gestifteten Sparbücher gegen die Zeit aufträgt (linke Abbildung), dann bekommt man eine nach oben gebogene Kurve, die immer steiler wird. Das liegt daran, dass die Zinsen ja auch wieder Zinsen bringen. Darum wächst das Guthaben immer schneller.

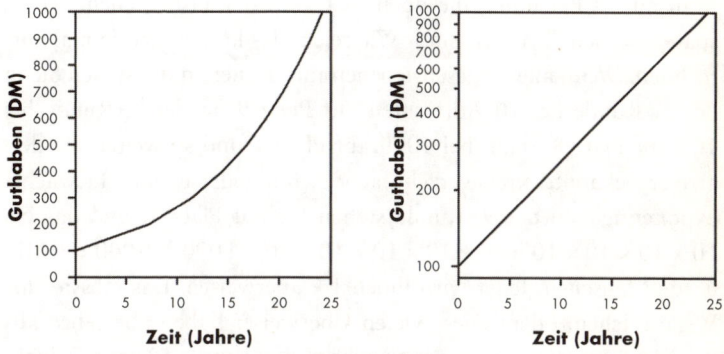

Guthaben der von Tante Margarete gestifteten Sparbücher. Beide Graphiken zeigen dieselben Daten. Links mit linearer, rechts mit logarithmischer Guthaben-Skala.

Trägt man dieselben Daten auf einer logarithmischen Skala auf, dann wird aus der gekrümmten, immer steiler werdenden Kurve eine Gerade. Auf diese Weise haben wir das explosionsartige Wachstum auf dem Papier «gezähmt». Die Steigung ergibt sich aus den von Tante Margarete ausgehandelten 10 Prozent Zinsen. Wären es weniger, so wäre die Gerade flacher, wären es mehr, steiler.

Das exponentielle Wachstum ist langfristig nicht aufrechtzuerhalten. Das veranschaulicht das folgende Beispiel: Wenn einer Ihrer Ahnen vor 2000 Jahren eine Goldmünze zu einem lächerlichen Zinssatz von nur 2 Prozent angelegt hätte, dann würden Sie heute den unglaublichen Betrag von 158 614 732 760 371 275 Goldmünzen bekommen. Dagegen sind die Goldreserven in Fort Knox nur Peanuts. Zinsen sind etwas Ähnliches wie die berüchtigten und verbotenen Schneeballsystemspiele oder die Kettenbriefe. Solche Dinge funktionieren immer nur eine Weile.

Sie bekommen eine E-Mail. Inhalt ist eine Liste mit neun Namen, Adressen und Kontonummern, sauber durchnummeriert von 1 bis 9, sowie folgender Text: «Schicken Sie dem Ersten in der Liste 1 €. Streichen Sie ihn aus der Liste und rücken Sie alle anderen einen Rang höher. Setzen Sie sich selbst auf Platz 9. Verschicken Sie die Mail an 10 Bekannte, die noch nicht auf der Liste stehen. Wenig später werden Sie reich sein!» Wie reich, das können wir ja mal ausrechnen. Wenn alle Angeschriebenen mitmachen, dann stehen Sie in der 1. Runde bei 10 Adressaten auf Platz 9, in der 2. Runde bei 100 auf Platz 8, dann bei 1000 auf Platz 7 und so weiter. Ihr derartiger Bekanntenkreis verzehnfacht sich in jeder Runde. Er wächst exponentiell. In der 9. Runde stehen Sie auf Platz 1, und das bei $10 \times 10 \times 10 \times 10 \times 10 \times 10 \times 10 \times 10 \times 10 = 1\,000\,000\,000 = 1$ Milliarde Menschen. Jeder wird Ihnen 1 € überweisen. Das müsste eine Weile reichen, oder? Diese vielen Überweiser haben aber ebenfalls das Motiv, reich zu werden, und suchen nun jeweils 10 neue Teilnehmer. Das sind dann 10 Milliarden Menschen mit E-Mail-Anschluss, Bankkonto und 1 €. Spätestens dann ist der Kettenbrief geplatzt und die letzten Milliarden Teilnehmer beißen die Hunde.

Und wenn jeder mehrmals teilnimmt? Dann werden Sie, wenn sich wieder jeder strikt an die Regeln hält, nicht nur 1 Milliarde Euro bekommen, sondern nach und nach auch eine Milliarde Kettenbriefe mit der Bitte um einen Euro. Unter dem Strich kommt also null heraus. Das ganze Unterfangen wird noch absurder, wenn man bedenkt, dass die Überweisungen Kosten verursachen. Außerdem wäre die gesamte Menschheit über Jahrzehnte rund um die Uhr damit beschäftigt, auf den Kettenbrief zu reagieren, auch wenn die Bearbeitung nur eine Sekunde dauert. Fazit: Wenn sich jeder an die Regeln hält, bricht das Ganze garantiert zusammen. Wenn sich nicht jeder an die Regel hält, warum sollten Sie dann am Ende viel Geld bekommen?

Exponentielles Wachstum gibt es oft, aber immer nur für eine Weile. Danach folgt ein langsameres Wachstum, Stagnation oder der Verfall. Wie im Kettenbrief geht es auch den zunächst exponentiell wachsenden Pilzen auf dem Käse. Durch die Größe des Käsestücks und die zunehmende Konkurrenz um die Nährstoffe sind den Pilzen Grenzen gesetzt. Es gibt kein unendliches exponentielles Wachstum. Wenn wir uns darauf einlassen, auf exponentielles Wachstum zu wetten, dann hoffen wir, dass der Zusammenbruch nicht uns, sondern irgendjemanden nach uns trifft.[5]

---

[5] Für mathematische Feinschmecker sollen noch zwei Punkte erwähnt werden. Scott und Fasli teilen eine weitere Erklärung mit, die auf dem Gedanken basiert, eine Zahl durch Multiplikation einer Vielzahl von Zufallszahlen «herzustellen». Wegen ihrer Nähe zum so genannten Zentralen Grenzwerttheorem ist diese Idee mathematisch sehr interessant.

Pinkham (1961) hat das Benford'sche Pferd von der anderen Seite aufgezäumt. Er ging der Frage nach: Wenn ein Gesetz für die erste Ziffer einer Zahl überhaupt existiert, wie hat dieses dann auszusehen? Pinkham hatte zwei vernünftig klingende Anforderungen an das Gesetz. Die eine ist Skaleninvarianz. Das heißt, es muss unerheblich sein, in welcher Maßeinheit gemessen wurde. Benfords Gesetz ist tatsächlich skaleninvariant. Es ist egal, ob das Sparguthaben in Deutscher Mark, Kanadischen Dollars oder Euro angegeben wird. Man kann einen Datensatz mit einer beliebigen Zahl multiplizieren. Wenn Daten vorher nach Benford verteilt waren, dann sind sie es danach immer noch. Die zweite Anforderung Pinkhams ist die Basisinvarianz, das heißt, das Gesetz muss unabhängig vom Zahlensystem sein. Beides zusammen macht insofern Sinn, da Basis und Maßeinheit eher kulturelle Aspekte widerspiegeln als grundlegende Eigenschaften der Natur. Pinkham hat gezeigt, dass nur eine Verteilung diesen Anforderungen genügt, nämlich die Benford-Verteilung.

Also, wenn es ein Gesetz für die ersten Ziffern gibt, dann das Benford'sche, aber ob es das Gesetz gibt, bleibt offen. Zurück zum praktischen Geschehen (Pinkham, R.: On the distribution of first significant digits. *Ann. Math Statists* 32: 1223–1230, 1961).

Ein Ausflug in die Praxis

So, nun wissen wir eine ganze Menge über die Häufigkeit der ersten Ziffern. Wir wissen auch, wie einst Newcomb und Benford auf die Idee gekommen sind, aber das heißt noch lange nicht, dass die Anfangsziffern real existierender Datensätze tatsächlich so vorliegen, wie Newcomb und Benford es beobachtet haben. Es gibt Datensätze, die sich nicht an Benfords Gesetz halten, und es gibt noch mehr Nachschlagewerke, die vorne fettiger sind als hinten. Das einige Zentimeter dicke Verzeichnis der wissenschaftlichen Zeitschriften, die in der Ärztlichen Zentral-Bibliothek des Universitätsklinikums Hamburg-Eppendorf geführt werden, sieht genauso aus. Ist es glaubwürdig, dass wissenschaftliche Zeitschriften mit Anfangsbuchstabe A häufiger gesucht werden als mit K und diese häufiger als Zeitschriften mit Z? Oder liegt es näher zu glauben, dass nachschlagende Menschen (zumindest Rechtshänder) einfach vorne anfangen zu blättern, auch wenn sie eine Zeitschrift mit P suchen? Dasselbe gilt für öffentlich ausliegende und entsprechend benutzte Telefonbücher und Zeitschriften, die schon etwas länger im Wartezimmer liegen: hinten hui, vorne pfui?

Als Benford sich in den 1930er Jahren an die Arbeit machte, war es wesentlich schwieriger, an Datensätze heranzukommen als heutzutage. Benford untersuchte Tabellen mathematischer Funktionen, physikalische Konstanten, Adressen, Zahlen in Zeitungen. Am Ende waren es 20 Datensätze mit insgesamt etwa 20 000 Zahlen. Dies alles durchzusehen machte ohne Computer sicherlich sehr viel Arbeit, ist aber realistisch betrachtet eine ziemlich kleine Stichprobe. Benford hat seine Zahlen einfach in Prozentsätze umgerechnet und mit den Häufigkeiten seines Gesetzes verglichen. Die vermeintliche Übereinstimmung wird von Benford lediglich durch die Ähnlichkeit der Zahlen belegt. Scott und Fasli untersuchten die Datensätze Benfords im Jahre 2001 nochmals, und zwar nach modernen statistischen Gesichtspunkten. Dabei zeigte sich, dass 3 der 20 Datensätze bemerkenswert gut mit Benfords Gesetz übereinstimmen und dass 9 von 20 sich deutlich davon unterscheiden, indem kleine Ziffern noch häufiger an erster Stelle auftauchen als von Benford erwartet.

Es gibt allerdings auch Datensätze, die sich überhaupt nicht nach Benford richten. Zum Beispiel die Größe von Erwachsenen in Europa: Da wird fast nur die 1 an erster Stelle auftauchen oder, in Fuß gemessen, die 5 und die 6. Auch Kunstzahlen wie Telefon- und Seriennummern weichen von Benfords Gesetz ab. Es ist unklar, wie Benford seine Datensätze gesucht und gefunden hat. Dass alle von ihm verwandten Daten zumindest nach Augenmaß seinem Gesetz entsprechen, stimmt etwas argwöhnisch. Vielleicht hatte er, möglicherweise unbewusst, eine Vorliebe und einen guten Blick für Daten, in denen die 1 an erster Stelle überrepräsentiert ist.

Trotz aller Unsicherheiten gibt es Versuche, mit Hilfe von Benfords Gesetz gefälschten Interview-Daten (Schäfer 2004[6]) und manipulierten Wirtschaftsdaten auf die Schliche zu kommen. Die Strategie beruht auf der Hoffnung, dass die Wirtschaftskriminellen Benfords Gesetz nicht kennen und daher die Ziffern unseres Zahlensystems einigermaßen gleich wahrscheinlich an erster Stelle auftreten lassen. Der Wirtschaftsprüfer Mark Nigrini (1993[7], 1996[8]) vertritt die Auffassung, dass sich betrügerische Daten meist durch zu seltene Einser und durch häufige Sechser an erster Stelle auszeichnen. Weichen beispielsweise die Zahlen einer Steuererklärung allzu sehr von Benfords Gesetz ab, dann wird die Erklärung genauer untersucht. Robert Burton, Finanzfahnder der Brooklyner Staatsanwaltschaft, erinnert sich begeistert: Wir behandelten in unserem Büro sieben eingestandene Betrugsfälle. Die haben wir als Test für Nigrinis Methode benutzt.

---

6 Schäfer, C., Schräpler, J. P. und Müller, K. R.: Identification, Characteristics and Impact of Faked and Fraudulent Interviews in Surveys. http://www.diw.de/deutsch/das-institut/abteilungen/ldm/archiv/ar2004/soep2004/doksoep2004/paper2004_schaeferetal.pdf, 2004

7 Nigrini, M. J.: The Detection of Income Tax Evasion Through an Analysis of Digital Distributions. Ph. D. Dissertation, University of Cincinnatti, 1993

8 Nigrini, M. J.: A Taxpayer Compliance Application of Benford's Law. *Journal of the American Tax Association*, Spring 1996, pp. 72–91

Und tatsächlich hat er alle sieben als «wahrscheinlich betrügerisch» eingeschätzt. Wenn alle, die nicht ganz astreine Steuererklärungen abgeben, vom potenziellen Nutzen dieses Buches wüssten, dann könnte es durchaus ein Bestseller werden.

Die betrügerischen Steuererklärungen Benford-unkundiger Bürger können offenbar gut herausgefischt werden. Aber wie sieht es mit der anderen Seite der Medaille aus? Wie viele der ehrlichen Erklärungen werden auch richtig als ehrlich erkannt? Mark Nigrini gesteht, dass es in dem Falle nicht so gut aussieht. Es gibt viele falsch positive Befunde. Wenn man ein Geschäftsessen bis zu $ 25 von der Steuer absetzen kann, dann gibt es nun mal sehr viele Geschäftsessen, die $ 24,80 kosten (Browne 1998).

In der ZEIT ging man im Jahr 2000 der Frage nach, ob man mit dieser Methode Licht ins Dunkel der Parteispendenaffäre hätte bringen können (DIE ZEIT, 28.9.2000): Spenden von 100 000 oder 1 000 000 DM wären in der Flut von 10er-, 100er- und 1000er-Spenden untergegangen. Wahrscheinlich hätte man eine ungewöhnliche Häufung knapp unter 20 000 DM gefunden. Denn Spenden ab 20 000 DM mussten gemäß deutschem Parteiengesetz unter Angabe von Name und Anschrift des Spenders im Rechenschaftsbericht genannt werden. Spenden knapp unter 20 000 haben als erste Ziffer naturgemäß eine «1». Kenner des Newcomb-Benford-Phänomens hätte eine derartige Häufigkeit aber gerade nicht stutzig gemacht.

Die Mathematiker Luis Raúl Pericchi und David Torres der Universitäten Puerto Rico und Simón Bolivar haben mit Hilfe des Newcomb-Benford-Phänomens die Ergebnisse des Referendums gegen den venezolanischen Präsidenten Hugo Chavez vom 15. August 2004 untersucht.[9] Sie verwendeten dabei jedoch nicht die erste Ziffer, mit

---

[9] Die Arbeit «La Ley de Newcomb-Benford y sus aplicaciones al Referendum Revocatorio en Venezuela» von Luis Raúl Pericchi und David Torres haben wir im Internet gefunden (www.vcrisis.com/index.php?content=letters/200410060742). Dort können Sie auch eine englische Zusammenfassung «Benford's Law proves fraud in Venezuela's referendum» von Miguel Octavio finden.

der wir uns bisher beschäftigt haben, sondern die zweite Ziffer. Sie ist ebenfalls nicht gleichmäßig verteilt. Unter den zweiten Ziffern sollte die Null um etwa 40 Prozent häufiger vorkommen als die Neun. Pericchi und Torres untersuchten die Anzahlen der Ja- und Nein-Stimmen in den einzelnen Wahllokalen. Deren zweite Ziffern waren erwartungsgemäß verteilt – außer die mit automatischen Wahlmaschinen ermittelten Anzahlen an Nein-Stimmen in ausgerechnet den Wahllokalen, die nicht der Wahlbeobachtung durch Jimmy Carter unterlagen.

Rita in der medizinischen Forschung

Rita hatte den Eindruck, dass die Pechvögel häufiger als andere Ziffern eine «1» an erster Stelle ihrer Hausnummer haben, und hat daraus auf einen Zusammenhang geschlossen. Hätte sie die Daten der schadensfreien Versicherten untersucht, dann hätte sie bemerkt, dass auch diese einen Hang zur «1» haben, und ihre Vermutungen hätten sich in heiße Luft aufgelöst. Eine Unterlassungssünde typisch für Rita? Keineswegs! Auch honorige Wissenschaftler gehen demselben Trugschluss auf den Leim. Dazu ein Beispiel aus der modernen medizinischen Forschung.

In der Strahlentherapie von Krebserkrankungen war man jahrzehntelang davon überzeugt, dass Patienten mehr als fünf Jahre nach einer Strahlentherapie nur sehr selten eine strahlenbedingte Komplikation erleiden (Emami[10] et al., 1991). Dies entspricht auch den Erfahrungen, die jeder Strahlentherapeut persönlich macht. Die Patienten scheinen nach fünf Jahren «über den Berg» zu sein. Leider beruht dieses «Wissen» auf demselben Trugschluss, dem Rita aufgesessen ist. So wie Rita haben die Strahlentherapeuten nicht alle, sondern

---

10 Emami, B., Lyman, J., Brown, A., et al. (1991): Tolerance of normal tissue to therapeutic irradiation. *Int. J. Radiat. Oncol. Biol. Phys. 21:* 109–122

nur einen Teil ihrer Patienten in ihrem Blickfeld und somit in ihrer Statistik. Dieser Umstand wurde erst vor wenigen Jahren durch ein tragisches Ereignis offensichtlich.

In der Abteilung für Strahlentherapie des Universitätsklinikums Hamburg-Eppendorf wurde in der Zeit von 1986 bis 1990 ein Teil der Patienten, die an einem Rektumkarzinom litten, einer unkonventionellen Strahlenbehandlung unterzogen. Bei diesen Patienten wurden vor und nach einer Operation große Teile des Bauchraums in relativ kurzer Zeit mit verhältnismäßig hohen Strahlendosen bestrahlt. Viele dieser Patienten erlitten schwere Spätkomplikationen (Svoboda[11] et al., 1999). Dies führte zu entsprechenden gerichtlichen Klagen der Patienten. Der Leiter der Abteilung wurde suspendiert; Staatsanwaltschaft und Kriminalpolizei wurden eingeschaltet. Diese führte in mühsamer Kleinarbeit akribische Recherchen durch, sodass von diesen Patienten sehr vollständige Daten über die entstandenen Nebenwirkungen vorlagen. Die juristischen Verfahren sind bis heute nicht abgeschlossen.

Aufgrund der hohen Häufigkeit der Komplikationen bei diesen Patienten und der Vollständigkeit der Daten war es möglich, den zeitlichen Verlauf des Auftretens von Spätkomplikationen genauer zu untersuchen. Die Ergebnisse widersprechen der Erwartung, dass das Risiko von Spätkomplikationen mit der Zeit abnimmt. Es ist praktisch immer gleich hoch, auch noch nach sieben oder acht Jahren. «Über den Berg» ist man offenbar nie.

Wie kommt dann aber der falsche Eindruck bei den Strahlentherapeuten zustande? Die Erklärung ist einfach (Jung[12] et al., 2001): 1. Krebs ist vornehmlich eine Alterserkrankung. Viele Patienten ver-

---

11   Svoboda, V., Beck-Bornholdt, H.-P., Herrmann, T., Alberti, W., Jung, H.: Late complications after combined pre- and postoperative (sandwich) radiotherapy for rectal cancer. *Radiother. Oncol.* 53: 177–187, 1999

12   Jung, H., Beck-Bornholdt, H.-P., Svoboda, V., Alberti, W., Herrmann, T.: Quantification of late complications after radiation therapy. *Radiother. Oncol.* 61: 233–246, 2001

sterben in den ersten Jahren nach der Behandlung, und das nicht unbedingt am Krebs, sondern auch an allen möglichen anderen Erkrankungen wie Herzinfarkt oder Schlaganfall. Folglich nimmt die Anzahl der Patienten, die überhaupt eine Komplikation erleben und damit zum Arzt gehen können, kontinuierlich ab. 2. Die Strahlentherapeuten verlieren im Laufe der Zeit den Kontakt zu den noch lebenden Patienten, weil diese umziehen oder einfach kein Interesse daran haben, ausgerechnet die Klinik aufzusuchen, in der sie bestrahlt wurden.

Aus der Tatsache, dass Strahlentherapeuten nur selten Spätkomplikationen mehr als fünf Jahre nach der Bestrahlung *sehen*, kann also nicht geschlossen werden, dass sie auch nur selten *auftreten*. Es ist wie bei Rita und den Freizeitunfällen. Aus der Tatsache, dass nur relativ selten Geschädigte mit einer «9» an erster Stelle der Hausnummer auftreten, kann nicht gefolgert werden, dass diese ein besonders niedriges Unfallrisiko haben. Es gibt einfach nur ganz wenige «9er», mit *und* ohne Unfall.

Weitere Literatur

Boyle, J.: An Application of Fourier Series to the Most Significant Digit Problem. *American Mathematical Monthly* 101: 879–976, 1994.

Raimi, R. A.: The First Digit Problem. *American Mathematical Monthly* 49: 521–538, 1976.

Raimi, R. A.: The Peculiar Distribution of First Digits. *Scientific American* 221: 109–120, 1969.

Stewart, Ian: Das Gesetz der ersten Ziffer. *Spektrum der Wissenschaft* 4: 16, 1994.

14. Triumph der Mittelmäßigkeit
Regression zum Mittelwert

Vor Mittelmaß ist keine Größe sicher.

PETER TILLE

Von Sir Francis Galton (1822 bis 1911) wurde 1886 der Begriff «Regression zur Mittelmäßigkeit» geprägt. Er ging der Frage nach, wie in einer biologischen Population grundlegende Charakteristika wie etwa die Körpergröße oder die Größe von Erbsen über Generationen hinweg bewahrt werden können. Aus genetischen Überlegungen wäre zu erwarten, dass überdurchschnittlich große Eltern überdurchschnittlich großen Nachwuchs haben sollten. Galtons Untersuchungen, zunächst an Erbsen und später an Menschen, brachten Erstaunliches zutage: Die Kinder überdurchschnittlich großer Eltern waren nicht überdurchschnittlich groß; und die Kinder überdurchschnittlich kleiner Eltern waren nicht überdurchschnittlich klein. Ein erstaunlicher Prozess der Selbstregulierung? Die Ergebnisse wurden von Galton unter dem Titel «Regression towards mediocrity in hereditary stature» 1886 publiziert.[1]

Erstaunlicherweise haben Galtons Ergebnisse mit Biologie nicht unbedingt etwas zu tun, sondern sind genau das, was man aus statistischen Gründen erwarten kann, wenn man das Design der Galton-

---

[1] Galton, F.: Regression Towards Mediocrity in Hereditary Stature. *Journal of the Anthropological Institute* 15: 246–263, 1886

Untersuchung kennt. Nehmen wir ein anderes, diesmal ein ausgedachtes, Beispiel hinzu.

Sie suchen einen Anlageberater, um die Hinterlassenschaft ihrer Erbtante gewinnbringend anzulegen, und geraten an einen Herrn, der offenbar hellseherische Fähigkeiten hat. Der An- und Verkauf von Wertpapieren, so erklärt er Ihnen, ist ein reines Glücksspiel. Es wirken derart viele Parameter auf den Kurs eines Papiers ein, dass es schlicht unmöglich ist, den Kurs im Voraus zu berechnen. Ihr potenzieller Anlageberater jedoch behauptet von sich, er könne in einem reinen Glücksspiel in 2 von 3 Fällen richtig vorhersagen, ob es mit dem Glück seines Klienten aufwärts oder abwärts geht. Vertrauenerweckenderweise gesteht er auch, dass seine Prognosen in einem von 6 Fällen falsch waren und zu einem Nachteil führten. Ebenfalls in einer von 6 Situationen hatte seine Entscheidung keine unmittelbare Konsequenz, weil der Kunde weder Glück noch Pech hatte. Der Kurs blieb einfach stabil. Wenn man sich jedoch erlaubte, die Kursentwicklung ein wenig länger abzuwarten, dann gingen 2 von 3 dieser zunächst unentschiedenen Situationen doch noch gut aus. Insgesamt führten 78 Prozent seiner Entscheidungen zu einem Erfolg. Das lässt sich in Bargeld umrechnen, wenn man den Geldwert der Entscheidungen kennt. Nehmen wir an, eine richtige Entscheidung bringt Gewinn, eine falsche einen gleich hohen Verlust. Wenn es im Mittel bei den Entscheidungen immer um denselben Geldwert geht, erzielt Ihr Kandidat bei 100 € möglichem Gewinn bzw. Verlust einen realen Gewinn von 78 € und einen realen Verlust von 22 €. Es bleiben unterm Strich 56 € übrig.

Hört sich gut an, denken Sie. Wäre er ein notorischer Verlierer, dann hätte er, wie der Name schon sagt, Geld verloren. Wäre er ein normaler Glücksspieler, dann würde er plus/minus null einspielen. Bei einem Gewinnbereich von − 100 bis +100 € liegt der Mann also weit über dem, was man mit Raten erreichen kann.

Vor dem Unterzeichnen des Beratervertrages haben Sie das große Glück, Ihrer 12-jährigen Tochter zu begegnen, die Sie in ein Würfelspiel einweiht, mit dem sie ihre paranormalen Fähigkeiten unter

Beweis stellen will. Sie behauptet, in diesem Spiel rein mental an dem mitzuwirken, was Sie erwürfeln werden. Sie werde Kraft ihrer Konzentration dafür sorgen, dass Sie mit einem sechsseitigen Würfel im Mittel die Zahl «3,5» werfen werden. Wenn Sie eine 4, eine 5 oder eine 6 gewürfelt haben, wird sie sich auf den Begriff «weniger» konzentrieren. Damit Sie die Wirkung der Konzentration und ihre Trefferquote überprüfen können, wird sie das Gedachte aussprechen, bevor Sie würfeln. Bei einer 1, einer 2 oder einer 3 geschieht dasselbe mit dem Begriff «mehr». Und tatsächlich: In $2/3$ der Fälle zeigt das Bemühen Ihrer Tochter seine Wirkung. Sie würfeln das, worauf sie sich konzentriert. In $1/6$ der Fälle bewirkt ihre Mühe das Gegenteil – nun ja, niemand ist perfekt. In $1/6$ der Fälle werfen Sie nicht mehr und nicht weniger als vorher, logisch. Wenn Sie dann aber nochmals würfeln, wird aus dem neutralen Wurf in $2/3$ der Fälle doch noch ein Erfolg. Zu den $24/36$ gewünschten Wirkungen kommen also noch einmal $1/6 \times 2/3 = 2/18 = 4/36$ hinzu. Zusätzlich mit «Geduld und Abwarten» erzielt die junge Dame somit in insgesamt 28 von 36 ($28/36 = 0,78 = 78\%$) Fällen die gewünschte Wirkung. Zwei Dinge machen Sie jetzt stutzig: dass Ihre Tochter überhaupt paranormale Fähigkeiten besitzt und dass die Zahlen dieselben sind wie bei Ihrem Anlageberater.

Gehen wir der Sache auf den Grund (vgl. auch Tabelle S. 179): Nach einer «5» wird sich Ihre Tochter auf «weniger» konzentrieren. Es gibt 4 Zahlen auf dem Würfel, die kleiner sind als 5. Also beträgt die Wahrscheinlichkeit $4/6$, dass das «weniger» zufällig in Erfüllung geht. Mit der Wahrscheinlichkeit $1/6$ werfen Sie eine unerwünschte größere Zahl, nämlich die «6». Ebenfalls mit $1/6$ Wahrscheinlichkeit werfen Sie nochmals eine 5. Wenn Sie jetzt noch einmal würfeln dürfen, haben Sie wieder $4/6$ Wahrscheinlichkeit, eine erwünschte Zahl zu werfen.

Entsprechend erklären sich die Treffer- und Versagerquoten bei den anderen Zahlen. Im Mittel (letzte Zeile der Tabelle) tritt bei 36 Würfen 24-mal die erwünschte Wirkung ein, 6-mal die unerwünschte, und in 6 Fällen hat das Konzentrieren (noch) nichts bewirkt.

Geworfene Zahl	Konzentriert auf	Gewünschte Wirkung	Unerwünschte Wirkung	Keine Wirkung
6	«weniger»	$5/6$	$0/6$	$1/6$
5	«weniger»	$4/6$	$1/6$	$1/6$
4	«weniger»	$3/6$	$2/6$	$1/6$
3	«mehr»	$3/6$	$2/6$	$1/6$
2	«mehr»	$4/6$	$1/6$	$1/6$
1	«mehr»	$5/6$	$0/6$	$1/6$
		$24/36 = 2/3$	$6/36 = 1/6$	$6/36 = 1/6$

Eine ganz normale Erklärung für die paranormalen Fähigkeiten eines 12-jährigen Mädchens und die Vorhersagen eines Anlageberaters

Hier ist offenbar gar nichts paranormal. Und wenn Ihr Anlageberater früher als Würfler gearbeitet hat, dann hat er Sie zwar nicht belogen, aber seine Fähigkeiten sind auch nicht bemerkenswert, sondern ganz normal. Das Phänomen heißt in Anlehnung an Galtons Artikel aus dem Jahre 1886 «Regression zum Mittelwert». Sie tritt auf, wenn Größen statistischen Schwankungen unterliegen, und wird besonders deutlich, wenn man aufgrund extremer Abweichungen auf eine Größe aufmerksam wurde. Auf einen besonders kalten Winter folgt einer mit Temperaturen, die der mittleren Temperatur näher sind. Dasselbe gilt für Rekordsommer, -läufer, -springer, -schwimmer, -fahrer. Nach einer Rekordleistung folgt meist etwas «Normaleres». Piloten, die sich in der Ausbildung befinden und die für eine besonders gute Landung gelobt werden, landen das nächste Mal schlechter. Die Interpretation, das Lob sei ihnen zu Kopf gestiegen, ist nicht unbedingt die einzig richtige. Was kann denn anderes passieren nach einer besonders guten Landung (Tversky und Kahnemann)?[2]

---

[2] Tversky, A., Kahnemann, D.: Judgment under uncertainty: Heuristics and biases. *Science* 185: 1124–1131, 1974

Aber warum ist Ihr Anlageberater denn noch nicht so reich, dass er sich nicht mehr als Anlageberater verdingen müsste? Ganz einfach. Beim Würfeln geht das Zahlenspektrum bei *jedem* Wurf von 1 bis 6. Nach einer 6 ist ein Kursanstieg unmöglich. Das wahre Leben ist jedoch komplizierter. Die Kurse bestehen zwar auch aus zufälligen Schwankungen, aber nicht nur. Auf das Würfelspiel übertragen könnte das heißen: Es gibt ebenfalls 6 völlig zufällige Möglichkeiten, aber die Würfel verändern sich unvorhersehbar. Mal gehen die Zahlen von 1 bis 6, mal von 4 bis 9, mal von −3 bis +2. Und das wird Anlageberater und Tochter überfordern, denn bei einer geworfenen «6» wäre völlig offen, mit welcher Wahrscheinlichkeit es danach aufwärts oder abwärts geht.

Ein ganz simples Spiel

Als Würfelspiel kann man es noch weiter vereinfachen: Man nehme einen Sack mit Würfeln, hier waren es 41 Stück, und werfe sie auf den Tisch. Darunter werden im Mittel $^{41}/_6 = 6{,}8$ eine «6» zeigen. Tatsächlich sind es hier sieben Sechser (linkes bzw. mittleres Foto). Diese sieben Würfel werden nochmals geworfen. Es wird sicherlich niemanden wundern, dass die Würfel jetzt weniger anzeigen (rech-

Regression zum Mittelwert beim Würfeln.

TRIUMPH DER MITTELMÄSSIGKEIT

tes Foto). Im Mittel sind 3,5 pro Würfel zu erwarten, hier sind es 3,3. Das ist deutlich weniger als die «6», die jeder einzelne der sieben Würfel vorher hatte. Natürlich wäre es unsinnig, jetzt anzunehmen, die Würfel seien schlechter geworden. Die vorher selektierten Würfel haben sich nur erwartungsgemäß ihrem Mittelwert angenähert.

Eine ganz simple Erkrankung

Das Ganze kann auch als «Grippeepidemie» umgedeutet werden. Die meisten Menschen erholen sich auch ohne ärztliche Hilfe davon. Bereits 1931 dauerte eine Grippe nach Peter Panter (alias Kurt Tucholsky) ohne ärztliche Behandlung 21 Tage und mit ärztlicher Behandlung drei Wochen. Bei Männern, so Tucholsky, komme dann noch die «‹Wehleidigkeit› hinzu; mit diesem Aufwand an Getue kriegen Frauen Kinder». Je höher die Augenzahl auf dem Würfel, umso stärker die Symptome. Die Sechser sind also diejenigen, die zu dem Zeitpunkt am meisten leiden und dem Höhepunkt der Erkrankung am nächsten sind – und mit größerer Wahrscheinlichkeit zum Arzt gehen als die weniger Leidenden. Die obige mittlere Würfelabbildung zeigt uns also die Situation im Wartezimmer unseres Hausarztes. Alle dort sind schwer am Niesen und Husten. Die anderen sind bei der Arbeit oder zu Hause oder im Urlaub. Die rechte Abbildung zeigt die Situation eine Woche später. Es geht allen viel besser. Aber warum? Wir wissen nicht, was der Arzt gemacht hat, aber es ist doch auch denkbar, dass, nachdem eine Erkrankung ihren Höhepunkt erreicht hat, die Symptome nachlassen und es dem Patienten immer besser geht. Es liegt nahe, dass Arzt und Patient diesen «Erfolg» ursächlich mit der Behandlung in Verbindung bringen.

An diesem Beispiel wird auch deutlich, dass das übliche Vorgehen, neue Behandlungen vorzugsweise an besonders Kranken auszuprobieren, nicht immer sinnvoll ist. Der Gedanke, der sich dahinter verbirgt, lässt sich folgendermaßen formulieren: «Wenn bei denen schon kein Nutzen nachweisbar ist, dann müssen wir es bei den mittelmäßig Erkrankten gar nicht erst versuchen.» Mit dieser Philosophie ist der Erfolg allerdings auch bei wirkungslosen Behandlungen oft ein Selbstgänger – dank Regression zum Mittelwert.

Weitere Beispiele aus der Medizin

In vielen medizinischen Studien ist der einzelne Patient gleichzeitig seine eigene Kontrolle. Es werden vor der Behandlung erhobene Messwerte mit späteren Werten verglichen. Patienten kommen jedoch häufig dann zum Arzt, wenn sie sich besonders schlecht fühlen: Sie befinden sich auf dem «Gipfel» einer akuten Erkrankung oder in einer besonders schlechten Phase einer chronischen Erkrankung. Die meisten Untersuchungen zum Placebo-Effekt beruhen auf demselben Studiendesign. Ein gemessener Placebo-Effekt ist so nicht einwandfrei vom natürlichen Verlauf der Erkrankung und von der Regression zum Mittelwert zu unterscheiden. Berichtete Wirkungen von Placebos können daher zumindest zum Teil Artefakte sein (Hrobjartsson und Götzsche 2001[3]).

Auf einem Mediziner-Kongress (DEGAM 2003) wurde von einer randomisierten Studie berichtet. Es ging um die Frage: Kann durch Gabe von Magnesium die Häufigkeit von Muskelkrämpfen reduziert werden? Auf Drängen des Pharma-Herstellers wurden nur Patienten mit extrem niedrigen Magnesium-Werten und sehr hoher Rate von Krämpfen in die Studie aufgenommen. Die Studie wurde zwar wegen mangelnder Rekrutierung abgebrochen, aber was wäre denn überhaupt zu erwarten gewesen? Vermutlich erhöht sich der extrem niedrige Magnesium-Spiegel des Patienten. Aber wodurch? Durch das Magnesium-Präparat, durch Regression zum Mittelwert oder

[3] Hrobjartsson und Götzsche: Is the placebo powerless? *NEJM* 344: 1594–1602, 2001

beides? Und die große Häufigkeit von Krämpfen wird ebenfalls geringer. Wegen Regression zum Mittelwert oder ist das Magnesium-Präparat die Ursache? Selbst wenn das Magnesium-Präparat keinerlei Wirkung hat, stehen die Chancen für ein verkaufsförderndes Ergebnis gut: Magnesium-Gabe korreliert mit reduzierter Krampf-Häufigkeit. Klinisch getestet.

Patienten mit hohen Cholesterin-Werten werden meist behandelt und erneut untersucht. Im Mittel wird der Cholesterin-Spiegel sinken. Patienten mit normalen Cholesterinwerten werden weder behandelt noch systematisch nachuntersucht. Beim jährlichen Gesundheits-Check japanischer Arbeiter wurde festgestellt, dass die Veränderung der Blutfettwerte während eines Jahres sehr deutlich mit der Größe der Blutfettwerte zu Beginn des Jahres korrelierte. Die Werte der Arbeiter mit hohen Anfangswerten wurden im Mittel kleiner, die der Arbeiter mit geringem Startwert stiegen an. Dies galt für Gesamtcholesterin, Triglyceride und *high density lipoprotein cholesterol* (HDLC) (Takashima et al., 2001[4]). Dies ist genau das, was man bei Regression zum Mittelwert erwarten kann. Eine Studie, in der man einen Cholesterinsenker an Patienten mit besonders hohen Cholesterinwerten testet, ist somit ein Selbstgänger.

Scheinbar wirksame Maßnahmen zur Beseitigung akuter Missstände

Interventionen werden häufig durch erhöhte Inzidenz ausgelöst. Beispielsweise löst der Anstieg an Verkehrsunfällen Kampagnen aus, in denen aufgeklärt wird, Straßen verkehrsberuhigt werden etc. War die auslösende hohe Inzidenz ein zufälliger Ausrutscher nach oben,

---

[4] Takashima, Y. et al.: Magnitude of the regression to the mean within one-year intra-individual changes in serum lipid levels among Japanese male workers. *J. Epidemiol* 11(2): 61–69, 2001

dann sieht es im Nachhinein so aus, als wären all diese Maßnahmen erfolgreich. Die Maßnahme, Kinder in Großbritannien gegen Meningitis zu impfen, wurde zu Zeiten einer erhöhten Inzidenz eingeführt. Die daraufhin erzielte Reduktion um 75 bis 90 Prozent ist eine Überschätzung, da ein Teil der Regression zum Mittelwert zuzuschreiben ist. Bei einem unerwarteten Anstieg post-operativer Infektionen in einem Krankenhaus haben verschärfte Desinfektionsmaßnahmen gute Aussicht auf Erfolg.

In den letzten Jahren ist es in einigen Ländern üblich geworden, Tabellen zu veröffentlichen, in denen Ärzte und Kliniken nach Qualität aufgelistet werden. Wenn man 18 Krankenhäuser, Ärzte oder Fußballmannschaften vergleicht und nach Qualität (wie auch immer sie gemessen wird) in eine Reihenfolge bringt, dann muss es zwangsläufig einen Spitzenreiter und ein Schlusslicht geben. Auch dann, wenn die Unterschiede weitgehend oder sogar ausschließlich zufällig sind. Und wenn dies so ist, dann wird das Schlusslicht sich im nächsten Jahr sehr wahrscheinlich verbessern, der Spitzenreiter aber absacken. Wer beispielsweise als Politiker seine Ausgaben rechtfertigen will, sollte somit besser in die Schlusslichter investieren. Unterstützung der Krankenhäuser am unteren Ende der Tabelle wird mit größerer Sicherheit «erfolgreich» sein. Spitzenreiter zu unterstützen ist in diesem Sinne ein großes Risiko. Ähnliches gilt für (Krankenhaus-)Manager. Wer einen in den Boden gefahrenen Betrieb übernimmt, hat gute Chancen, als Retter in der Not zu gelten und seine eigenen Karrierechancen zu verbessern. Und wer als Trainer zum Tabellenersten wechselt, dessen Reputation ist arg gefährdet.

Offenbar ist es nicht einfach, aus Erfahrung zu lernen. Patienten, die mit Kopfschmerzen zum Arzt gehen, sind eine Auswahl. Sie haben besonders heftige Schmerzen bzw. sind auf dem Höhepunkt ihrer Schmerzen. Egal, was man mit diesen Patienten macht, es wird sehr wahrscheinlich von einer Verbesserung gefolgt werden. Ob dabei die Intervention mitgeholfen hat, lässt sich nur mit einer randomisierten Kontrollgruppe entscheiden. Ein dort ausbleibender Effekt spräche für die Wirkung der Behandlung. Eine Verbesserung in beiden Gruppen ließe Regression zum Mittelwert erahnen. Dies ist noch wahrscheinlicher, wenn die Wirkung bei den «Kränksten» am größten ist.

Am Schluss noch einmal zurück zu Galton. Ein Teil des von ihm beobachteten «Regulierungsprozesses» der Körpergröße von Kindern ist sicherlich auf die Regression zum Mittelwert zurückzuführen und kein erstaunlicher Prozess der Selbstregulierung. Galton hatte offenbar keine Tochter, die mit ihm gewürfelt hat.

Zum Weiterknobeln

Warum haben die meisten außergewöhnlichen Väter weniger außergewöhnliche Söhne?

Warum haben sehr kluge Frauen meistens dümmere Männer?

Weitere Literatur

Morton, V., Torgerson, D. J.: Effect of regression to the mean on decision making in health care. *BMJ* 326: 1083–1084, 2003.

Yudkin P., Stratton, I. M.: How to deal with regression to the mean in intervention studies. *Lancet* 347: (8996): 241–243, 1996.

15. George W. Bushs Verbindung zum Terrornetzwerk Al-Kaida

Das Kleine-Welt-Phänomen

Der Unverstand ist die unbesiegbarste Macht auf der Erde.

ANSELM FEUERBACH

In den Nachrichten hört man seit dem 11. September 2001 immer häufiger von der Verfolgung, Festnahme oder gar der Erschießung vermeintlicher Terroristen. Begründet wird dies mit angeblichen «Verbindungen zum Terrornetzwerk Al-Kaida». Im Allgemeinen wird diese Begründung akzeptiert – darum wird sie ja auch verwendet. Mit Rechtsstaatlichkeit hat das allerdings nichts mehr zu tun. Darüber hinaus ist zu beobachten, dass der Rechtsstaat in letzter Zeit häufig als Hindernis bei der Strafverfolgung skrupelloser Verbrecher und Terroristen dargestellt wird. In diesem Kapitel wartet eine fulminante Enthüllung auf Sie: George W. Bush hat geheime Verbindungen zum Terrornetzwerk Al-Kaida und zu Osama B. Laden. Wir, die Autoren dieser Zeilen, Hans-P. Beck-Bornholdt und Hans-H. Dubben, sind bescheidener Teil dieser Verbindung. Damit ist unser Leben zwar keinen Pfifferling mehr wert, aber was tut man nicht alles, um in die Schlagzeilen und/oder ins Paradies zu kommen.[1]

---

[1] In seinem Kinofilm «Fahrenheit 9/11» berichtet Michael Moore ebenfalls über eine Verbindung zwischen Bush und Bin Laden. Die Beziehung ist jedoch altbekannt,

Hier die brisanten Einzelheiten:

Ein uns beiden persönlich gut bekannter Wissenschaftler war viele Jahre Mitglied einer Kommission des Umweltministeriums und hat dort persönlich die damalige Umweltministerin Angela Merkel kennen gelernt. Angela kennt George persönlich. Von uns bis zu George W. Bush sind es damit nur drei Schritte.

Die Tante einer uns ebenfalls persönlich gut bekannten Kollegin hatte einen Tante-Emma-Laden (Name geändert – die Autoren) in Hamburg-Harburg. In diesem haben sich der Todespilot Mohammed Atta und seine Kumpane regelmäßig mit Proviant eingedeckt. Die Tante kann sich noch sehr gut an Herrn Atta erinnern. Man darf wohl davon ausgehen, dass Atta persönlichen Kontakt mit Osama Bin Laden hatte. Von uns zu Osama Bin Laden sind es damit vier Schritte.

Damit ist klar, dass George W. Bush über mehrere Verbindungswege Kontakte nicht nur zu den Todespiloten, sondern auch zu Osama Bin Laden hatte. Zu den Todespiloten über fünf Mittelspersonen, zu Bin Laden über sechs oder vielleicht sieben.

Soll man die jetzt alle verhaften? Und uns gleich mit? Oder ist das Zufall? Gibt es (fast) immer Verbindungen zwischen zwei beliebig herausgepickten Menschen auf der Welt? Wie viele Schritte sind denn durchschnittlich zu erwarten?

Wir schätzen, dass wir zurzeit jeweils rund 100 Personen zu unserem Bekanntenkreis rechnen können. Dabei haben wir unsere Verwandten und Wahlverwandten, Freunde, Nachbarn, Kollegen und die Freunde unserer Lebensgefährtinnen gezählt. Wir sind beide weder Mitglied im Kegelclub noch im Sportverein oder in einer politischen Partei. Sonst wäre der Kreis sicherlich deutlich größer. Machen Sie mal den Test mit Hilfe Ihres Adressbuchs. Sie werden sich wundern, wie viele Menschen Sie kennen. Wenn wir annehmen, dass

---

und wen wundert es schon, dass sich die roten Teppiche der wenigen megareichen Söhne dieses kleinen Planeten hier und da einmal kreuzen. Unsere Verbindung ist jedoch nicht nur neu, sondern auch geheim, sie läuft über das Schläferparadies Hamburg und ▄▄▄▄▄▄▄▄▄▄▄▄

Die Autoren auf der Achse

jeder dieser 100 Bekannten im Durchschnitt wiederum 100 Personen zu seinem Bekanntenkreis zählt, dann sind wir bereits bei 10000 Personen, mit denen wir über einen einzigen Zwischenschritt verbunden sind. Auch die Bekannten unserer Bekannten dürften wohl um die 100 Bekannte haben, womit schon die Million erreicht ist.

Wir haben dabei außer Acht gelassen, dass sich die Bekanntenkreise jeweils überlappen. Andererseits haben wir aber auch nicht berücksichtigt, dass Schorsch aufgrund seiner Betriebsratstätigkeit bei Lufthansa dort mindestens 1000 Leute kennt und dass Conny wegen ihrer Kontaktfreudigkeit und Lebensfreude mindestens 500 Bewohner von Finkenwerder duzt. Es ist auch kaum möglich, mit Cordula mehr als 100 Schritte durch Bremen zu gehen, ohne dass sie jemanden trifft, mit dem sie ein paar Worte wechselt. Eugenio als pensionierter Lehrer kennt so ungefähr 2000 ehemalige Schüler, beeindruckenderweise alle mit Namen und Lebenslauf. Die zahlreichen Lehrer und Lehrerinnen in unserem Bekanntenkreis dürften auch deutlich mehr als nur 100 Nasen auseinander halten können. Also bleiben wir bei geschätzten 100 bekannten Nasen pro Nase.

Nach nur zwei Zwischenschritten haben wir bereits die Million erreicht. Da ist es kein Wunder, wenn da auch ohne die gegenwärtige Prominenteninflation ein paar wirklich Prominente dabei sind. Da die Weltbevölkerung noch keine 10 Milliarden beträgt, bedarf es nur noch zwei weiterer Schritte, um zu allen einen Kontakt herzustellen. Im Durchschnitt sind wir alle miteinander über rund fünf Mittelspersonen verbunden.[2] Es liegt daher nahe, dass es mit an Wahrscheinlichkeit grenzender Sicherheit noch viel kürzere Bush-Laden-Verbindungen gibt als die über uns. Vielleicht rettet diese Bemerkung unsere Haut.

Wenn der Bekanntenkreis der eigenen Bekannten etwa 10000 Menschen umfasst, dann kann man sehr einfach ein effizientes Beziehungsgeflecht aufbauen. Unter diesen 10000 Menschen, mit denen man einen gemeinsamen Bekannten teilt, dürften fast alle Berufsgruppen und Branchen vertreten sein. Manche Zeitgenossen spielen mit Bravour auf diesem Klavier. Sie sind sozial meist sehr kompetent und darauf spezialisiert, die Fähigkeiten und Bedürfnisse nicht nur ihrer Bekannten, sondern auch der Bekannten ihrer Bekannten zu speichern und zu vernetzen. Diese Menschen kommen billiger an Autos, frische Eier und Klopapier heran, sie vermitteln Tapezierarbeiten, Dachdecker, Arbeitsstellen und frei werdende Wohnungen, und es gibt kaum jemanden, der ihnen nicht einen kleinen Gefallen schuldet. So kann man ganz gut durchs Leben kommen.

Häufig weiß man gar nicht, wie wenige Schritte es zu einem Prominenten sind. So wussten 50 Prozent der Autoren dieses Buches

---

2 Das haben wir vor vielen Jahren mal in der Fachzeitschrift *Nature* gelesen. Den Artikel konnten wir aber nicht mehr ausfindig machen.

nicht, dass wir über einen einzigen gemeinsamen Bekannten in Verbindung mit unserem ehemaligen Bundespräsidenten Johannes Rau stehen. Dafür gelangt man von diesem unwissenden Autor in zwei Schritten zu dem Schauspieler Götz George und zum Frauenmörder Fritz Honka.

Es gibt auch institutionalisierte Beziehungsgeflechte, wie die Familie – da heißt es dann Vetternwirtschaft, oder politische Parteien – dort nennt man es Seilschaft, Filz oder Kungelei. Auch die Rotarier und die studentischen Burschenschaften sind nichts anderes. Neuerdings gibt es auch einen positiven Begriff für diese Dinge: Networking. Einen entscheidenden Beitrag zu kurzen Verbindungen leisten dabei diejenigen Menschen, die wie Conny und Schorsch über eine große Anzahl von Kontakten verfügen. Es sind Knotenpunkte im Netzwerk. Es ist bei diesen Netzwerken wie beim Fliegen. Wenn man über weite Strecken reist, dann muss man fast immer über einen der wirklich großen Flughäfen der Welt, wie beispielsweise Frankfurt, Singapur oder Paris.

Lösungen der Aufgaben

3. Surelock Humps

Unfall in Andrydenna

	Anzahl	Der Zeuge sagt	
		«blau»	«grün»
Das Taxi war grün	100	5	95
Das Taxi war blau	1900	1805	95
Summe	2000	1810	190

Wahrscheinlichkeit für ein grünes Taxi, wenn der Zeuge «grün» sagt: $^{95}/_{190} = 0,50$ oder 50 Prozent. Wahrscheinlichkeit für ein blaues Taxi, wenn der Zeuge «blau» sagt: $^{1805}/_{1810} = 0,9972$ oder 99,72 Prozent.

Unfall in Parydenna

	Anzahl	Der Zeuge sagt	
		«blau»	«grün»
Das Taxi war grün	100	5	95
Das Taxi war blau	100	95	5
Summe	200	100	100

8. Mehr Stau durch mehr Straßen

Lösung von Aufgabe 1:
Alle fahren wieder wie früher, als es noch keine Autobahn gab, und benötigen 33 Minuten.

Lösung von Aufgabe 2:
Die Fahrzeit beträgt für alle 35,7 Minuten, und je ein Drittel fährt Autobahn, die Weststrecke und die Oststrecke.

Lösung von Aufgabe 3:
Die Fahrzeit beträgt für alle 34 Minuten, und nur 12,5 Prozent fahren auf der Autobahn. Der Rest verteilt sich gleichmäßig auf die beiden anderen Strecken.

Fazit aus den drei Lösungen: Autobahnbaustellen beschleunigen den Verkehr!!

9. Die Demokratur der Salamander

Ottokars Wahlsieg

Dies ist nicht die einzig mögliche Lösung. Sollten Sie gespickt haben und es bereuen: Es ist nicht zu spät für eine individuelle Lösung.

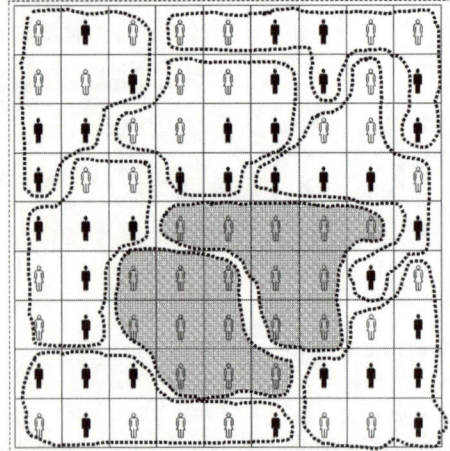

Die beiden Wahlkreise, die an Ynge gehen, sind grau schraffiert. Hier hat Ottokar ihr richtige Hochburgen eingerichtet. Alle Ranger dort wählen Ynge, und Ynge wird sich bestimmt wohl fühlen im Kreise ihrer Lieben. Allerdings nicht lange. Zum sparsamen und damit effektiven Gewinnen reichen ja 5 Stimmen gegen 4 Gegenstimmen. Neun Stimmen in einem Wahlkreis sind damit 4 Stimmen Verschwendung. Deshalb kriegt Ynge ihre zwei Hochburgen. Von ihren 46 Stimmen sind nun nur noch $46 - 18 = 28$ Stimmen übrig, während Ottokar noch seine 35 hat. Die weiteren 7 Bezirke muss Ottokar nun so anlegen, dass er jeweils 5 Stimmen erhält und Ynge nur 4. Mehr als 7 Wahlkreise kann Ottokar auf keinen Fall gewinnen, denn er hat nur 35 Anhänger und man benötigt für einen Sieg in einem Wahlkreis mindestens 5 Stimmen. Da $^{35}/_5 = 7$ ist, sind es maximal 7 Wahlkreise für Ottokar.

Ottokars Untergang

Hier kommt die versprochene Lösung für Ynge: ein glatter 9:0-Sieg gegen Ottokar. Sicherlich gibt es auch noch andere richtige Lösungen.

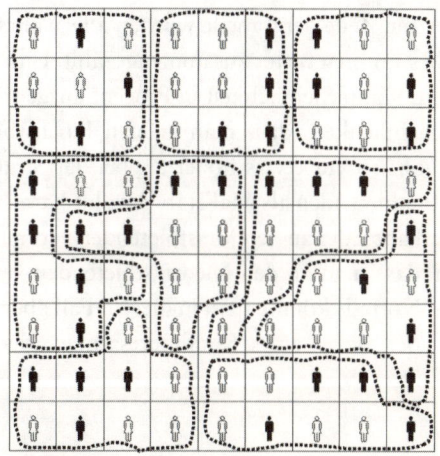

11. Vergleich macht reich

Aufgabe 1:

Sie haben, wie in der Fahrradverkaufstabelle, sechs Gebote zu erwarten bzw. länger wollen Sie nicht abwarten. Die ersten beiden Gebote werden zur Schätzung benutzt. Davon wird das höhere Gebot als Schätzwert gewählt.

Das höchste Gebot ist mit ①, das niedrigste mit ⑥ bezeichnet. Für die ersten beiden Gebote gibt es insgesamt 15 verschiedene Kombinationen, diese sind in der ersten Spalte eingetragen. Wenn die ersten beiden Gebote vom Meistbietenden ① und dem Zweitmeistbietenden ② kommen, dann verkauft man das Fahrrad an den Letzten. Das kann entweder derjenige sein, der das dritthöchste Gebot macht ③ oder das vierthöchste ④ oder das fünfthöchste ⑤ oder das niedrigste ⑥. Jede dieser vier Möglichkeiten ist mit $^1/_4$ gleich wahrscheinlich. Diese Zahl muss multipliziert werden mit der Wahrscheinlichkeit, dass ausgerechnet ① und ② die ersten beiden Gebote machen. Da es 15 verschiedene Kombinationen gibt, ist diese Wahrscheinlichkeit $^1/_{15}$. Die Wahrscheinlichkeit, dass man das Fahrrad an ⑥ verkauft, nachdem ① und ② die ersten beiden Gebote gemacht haben, beträgt somit $^1/_{15} \times ^1/_4 = ^1/_{60}$.

In der vorletzten Zeile der Tabelle wurden alle Wahrscheinlichkeiten für einen bestimmten Bieter zusammengezählt. Und in der letzten Zeile wird diese Wahrscheinlichkeit in Prozent ausgedrückt.

Die Wahrscheinlichkeit, dass man an den Höchstbietenden verkauft, ist mit 43 Prozent etwas höher als bei der Strategie, bei der man nur den Erstbietenden als Maßstab gewählt hatte. Dort wurden 38 Prozent der Fahrräder an den Meistbietenden verkauft. Allerdings ist das Risiko, dass man an den Niedrigstbietenden verkauft, mit 7 Prozent höher. Notfalls könnte man in diesem Fall aber in der Praxis meist einfach noch zwei weitere Kaufinteressenten abwarten.

Erste zwei Gebote von	Verkauf an					
	①	②	③	④	⑤	⑥
① ② $^1/_{15}$	0	0	$\times \, ^1/_4 = \,^1/_{60}$	$\times \, ^1/_4 = \,^1/_{60}$	$\times \, ^1/_4 = \,^1/_{60}$	$\times \, ^1/_4 = \,^1/_{60}$
① ③ $^1/_{15}$	0	$\times \, ^1/_4 = \,^1/_{60}$	0	$\times \, ^1/_4 = \,^1/_{60}$	$\times \, ^1/_4 = \,^1/_{60}$	$\times \, ^1/_4 = \,^1/_{60}$
① ④ $^1/_{15}$	0	$\times \, ^1/_4 = \,^1/_{60}$	$\times \, ^1/_4 = \,^1/_{60}$	0	$\times \, ^1/_4 = \,^1/_{60}$	$\times \, ^1/_4 = \,^1/_{60}$
① ⑤ $^1/_{15}$	0	$\times \, ^1/_4 = \,^1/_{60}$	$\times \, ^1/_4 = \,^1/_{60}$	$\times \, ^1/_4 = \,^1/_{60}$	0	$\times \, ^1/_4 = \,^1/_{60}$
① ⑥ $^1/_{15}$	0	$\times \, ^1/_4 = \,^1/_{60}$	$\times \, ^1/_4 = \,^1/_{60}$	$\times \, ^1/_4 = \,^1/_{60}$	$\times \, ^1/_4 = \,^1/_{60}$	0
② ③ $^1/_{15}$	$\times \, 1 = \,^1/_{15}$	0	0	0	0	0
② ④ $^1/_{15}$	$\times \, 1 = \,^1/_{15}$	0	0	0	0	0
② ⑤ $^1/_{15}$	$\times \, 1 = \,^1/_{15}$	0	0	0	0	0
② ⑥ $^1/_{15}$	$\times \, 1 = \,^1/_{15}$	0	0	0	0	0
③ ④ $^1/_{15}$	$\times \, ^1/_2 = \,^1/_{30}$	$\times \, ^1/_2 = \,^1/_{30}$	0	0	0	0
③ ⑤ $^1/_{15}$	$\times \, ^1/_2 = \,^1/_{30}$	$\times \, ^1/_2 = \,^1/_{30}$	0	0	0	0
③ ⑥ $^1/_{15}$	$\times \, ^1/_2 = \,^1/_{30}$	$\times \, ^1/_2 = \,^1/_{30}$	0	0	0	0
④ ⑤ $^1/_{15}$	$\times \, ^1/_3 = \,^1/_{45}$	$\times \, ^1/_3 = \,^1/_{45}$	$\times \, ^1/_3 = \,^1/_{45}$	0	0	0
④ ⑥ $^1/_{15}$	$\times \, ^1/_3 = \,^1/_{45}$	$\times \, ^1/_3 = \,^1/_{45}$	$\times \, ^1/_3 = \,^1/_{45}$	0	0	0
⑤ ⑥ $^1/_{15}$	$\times \, ^1/_4 = \,^1/_{60}$	$\times \, ^1/_4 = \,^1/_{60}$	$\times \, ^1/_4 = \,^1/_{60}$	$\times \, ^1/_4 = \,^1/_{60}$	0	0
Summe	$^{154}/_{360}$	$^{82}/_{360}$	$^{46}/_{360}$	$^{30}/_{360}$	$^{24}/_{360}$	$^{24}/_{360}$
Anteil	43 %	23 %	13 %	8 %	7 %	7 %

Aufgabe 2:

Sie haben, wie in der Fahrradverkaufstabelle, sechs Gebote zu erwarten bzw. länger wollen Sie nicht abwarten. Die ersten beiden Gebote werden zur Schätzung benutzt. Davon wird das niedrigere Gebot als Schätzwert gewählt.

Erste zwei Gebote von	Verkauf an					
	①	②	③	④	⑤	⑥
①② $^1/_{15}$	0	0	$\times ^1/_4 = ^1/_{60}$	$\times ^1/_4 = ^1/_{60}$	$\times ^1/_4 = ^1/_{60}$	$\times ^1/_4 = ^1/_{60}$
①③ $^1/_{15}$	0	$\times 1 = ^1/_{15}$	0	0	0	0
①④ $^1/_{15}$	0	$\times ^1/_2 = ^1/_{30}$	$\times ^1/_2 = ^1/_{30}$	0	0	0
①⑤ $^1/_{15}$	0	$\times ^1/_3 = ^1/_{45}$	$\times ^1/_3 = ^1/_{45}$	$\times ^1/_3 = ^1/_{45}$	0	0
①⑥ $^1/_{15}$	0	$\times ^1/_4 = ^1/_{60}$	$\times ^1/_4 = ^1/_{60}$	$\times ^1/_4 = ^1/_{60}$	$\times ^1/_4 = ^1/_{60}$	0
②③ $^1/_{15}$	$\times 1 = ^1/_{15}$	0	0	0	0	0
②④ $^1/_{15}$	$\times ^1/_2 = ^1/_{30}$	0	$\times ^1/_2 = ^1/_{30}$	0	0	0
②⑤ $^1/_{15}$	$\times ^1/_3 = ^1/_{45}$	0	$\times ^1/_3 = ^1/_{45}$	$\times ^1/_3 = ^1/_{45}$	0	0
②⑥ $^1/_{15}$	$\times ^1/_4 = ^1/_{60}$	0	$\times ^1/_4 = ^1/_{60}$	$\times ^1/_4 = ^1/_{60}$	$\times ^1/_4 = ^1/_{60}$	0
③④ $^1/_{15}$	$\times ^1/_2 = ^1/_{30}$	$\times ^1/_2 = ^1/_{30}$	0	0	0	0
③⑤ $^1/_{15}$	$\times ^1/_3 = ^1/_{45}$	$\times ^1/_3 = ^1/_{45}$	0	$\times ^1/_3 = ^1/_{45}$	0	0
③⑥ $^1/_{15}$	$\times ^1/_4 = ^1/_{60}$	$\times ^1/_4 = ^1/_{60}$	0	$\times ^1/_4 = ^1/_{60}$	$\times ^1/_4 = ^1/_{60}$	0
④⑤ $^1/_{15}$	$\times ^1/_3 = ^1/_{45}$	$\times ^1/_3 = ^1/_{45}$	$\times ^1/_3 = ^1/_{45}$	0	0	0
④⑥ $^1/_{15}$	$\times ^1/_4 = ^1/_{60}$	$\times ^1/_4 = ^1/_{60}$	$\times ^1/_4 = ^1/_{60}$	0	$\times ^1/_4 = ^1/_{60}$	0
⑤⑥ $^1/_{15}$	$\times ^1/_4 = ^1/_{60}$	$\times ^1/_4 = ^1/_{60}$	$\times ^1/_4 = ^1/_{60}$	$\times ^1/_4 = ^1/_{60}$	0	0
Summe	$^{96}/_{360}$	$^{96}/_{360}$	$^{78}/_{360}$	$^{54}/_{360}$	$^{30}/_{360}$	$^6/_{360}$
Anteil	27 %	27 %	22 %	15 %	8 %	2 %

Mit dieser Strategie fährt man gut, wenn man möglichst sicher das knickerigste Angebot vermeiden möchte. Die Wahrscheinlichkeit, Spitzenangebote mitzunehmen, ist jedoch arg reduziert.

12. Simpsons Paradoxon

Dies ist natürlich nur eine Lösungsmöglichkeit von vielen. Aber alle richtigen Lösungen haben gemeinsam, dass in Hochhagen die meisten Patienten Ihr Medikament bekommen und nur wenige das Konkurrenzpräparat. Im Prinzip auch richtig, aber ganz schön unverschämt, ist natürlich, wenn alle Hochhagener nur Ihr Medikament bekommen.

	Hochhagen			
	Patienten	Erfolg	Misserfolg	Anteil Erfolge
Ihr Medikament	100	30	70	30 Prozent
Konkurrenz-Präparat	10	4	6	40 Prozent

	Niedenhain und Hochhagen			
	Patienten	Erfolg	Misserfolg	Anteil Erfolge
Ihr Medikament	110	31	79	28 Prozent
Konkurrenz-Präparat	110	24	86	22 Prozent

14. Triumph der Mittelmäßigkeit

Warum haben die meisten außergewöhnlichen Väter weniger außergewöhnliche Söhne?
　Warum haben sehr kluge Frauen meistens dümmere Männer?

Ein Teil der Autoren fand es interessant, über diese Fragen im Licht der Regression zum Mittelwert zumindest einmal nachzudenken.

Wir ersparen uns die Antwort, die auf den ersten Blick offenkundig ist, nach dem ersten Zwinkern aber schon wieder fragwürdig. Denn: Was ist außergewöhnlich, und wer ist es nicht? Ist es dumm, eine sehr kluge Frau zu haben?

Exkurs zur Prozentrechnung

Sollen wir? Sollen wir nicht? Ein Exkurs in Prozentrechnung in diesem Buch? Nein, nicht nötig, das lernt man doch in der Schule. Doch, wir haben es oft genug erlebt, dass selbst Doktoren daran verzweifelten. Nein, das ist eine viel zu kleine und unrepräsentative Stichprobe. Ja, nein, nicht, doch, hin, her und nein und dann doch ein Doch, denn: Der Spiegel (5/2004) urteilt in einem Artikel über die Pisa-Studien und die weit verbreitete Zahlenblindheit: «Wer etwas Prozentrechnung beherrscht, ist damit bereits zum Bundeskanzler qualifiziert.» Ihre Kanzlerkandidatur darf nicht an der Prozentrechnung scheitern! Und wir wollen Sie dabei unterstützen.

Hier zunächst der Eingangstest:

Ich habe meine Erbschaft von Tante Agathe in Aktien angelegt. Meine Aktien waren vorgestern 10 000 € wert. Gestern sind die Aktien um 5 Prozent gestiegen. Heute sind sie um 5 Prozent gefallen. Wie viel sind meine Aktien jetzt wert? Bitte kreuzen Sie an:

○ 10 000 €
○ 9975 €
○ keine Ahnung

Damit nach unten schielen sich nicht lohnt, kommt die Auflösung jetzt etwas kryptisch daher: Wer die erste und die letzte Zeile nicht angekreuzt hat, sondern die kleinere der beiden angebotenen Zahlen und auch weiß weshalb, kann dieses Kapitel getrost weglassen. Mit an Wahrscheinlichkeit grenzender Sicherheit werden Sie nämlich nichts Neues erfahren.

Für alle anderen könnte es nützlich sein, dieses Kapitel als Aufwärmübung vorweg zu lesen. In diesem Buch geht es um Wahrscheinlichkeiten. Und die werden sehr häufig in Prozenten angegeben. Als Lehrende an der Universität Hamburg und auch außerhalb der Uni haben wir die Erfahrung gemacht, dass der sichere Umgang mit Prozenten und Prozentrechnung nicht selbstverständlich ist. In der Schule haben wir es alle mal gelernt, aber das ist ja vielleicht schon lange her, und ohne Training gehen viele Fertigkeiten, außer Radfahren natürlich, mit der Zeit verloren. Dieser Exkurs ist nur für diejenigen Leserinnen und Leser gedacht, die sich in Prozentrechnung nicht ganz sattelfest fühlen. Damit Sie nicht Ihnen längst Bekanntes lesen müssen, haben wir ein kleines Leserleitsystem eingerichtet. Jeder Abschnitt hat eine Eingangsfrage. Wenn Sie die richtig beantworten, können Sie den Abschnitt getrost überspringen.

Auf dem Flohmarkt

Neele und Max haben auf dem Flohmarkt ihr altes Spielzeug verkauft. Jetzt teilen sie sich die Einnahmen je zur Hälfte. Wie viel Prozent bekommt jeder?

○ 2 Prozent
○ 50 Prozent
○ keine Ahnung

Wenn Sie das Kreuz bei der mittleren Antwort gemacht haben und auch wissen warum, dann überspringen Sie bitte diesen Abschnitt.

«Das macht 7 € pro Person» ist wohl für jeden verständlich: Der Kassierer möchte von jeder Person 7 €. Das Maß aller Dinge ist hier die einzelne Person, für die 7 € zu zahlen ist. Zwei Personen zahlen dann 2 mal 7 € = 14 €. In der Prozentrechnung ist die Hundert das Maß aller Dinge, auf das man sich bezieht. Wenn im obigen Beispiel

Neele und Max insgesamt 20 € eingenommen haben, dann bekommt jeder 10 €, denn das ist die Hälfte. In der Prozentrechnung fragt man sich: Wie viel hätten Max und Neele jeweils bekommen, wenn die beiden 100 € eingenommen hätten? Klarer Fall: 50 €. Der Kassierer würde sagen: Das macht 50 € pro 100 €. «Pro Hundert» heißt im Lateinischen *pro cent*, und wieder eingedeutscht wird daraus Prozent. 10 € von 20 € entsprechen 50 € von 100 € und das entspricht 50 Prozent.

Beim Prozentrechnen wird immer so getan, als gelte es, genau hundert aufzuteilen. Max und Neele bekommen also immer 50 Prozent, egal wie viel Euros sie eingenommen haben.

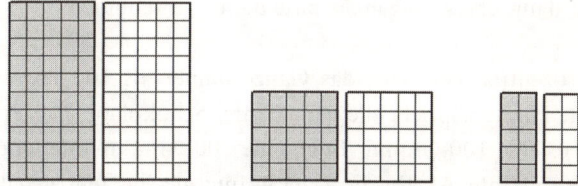

50 von 100, 25 von 50, 10 von 20. Bezogen auf hundert ist das alles dasselbe: 50 Prozent

Das gilt auch, wenn die beiden 1000 € einnehmen – was auf einem Kinderflohmarkt zugegebenermaßen eher illusorisch ist. Wieder bekommen Neele und Max jeweils 50 Prozent, aber bei 1000 € ist die Hälfte 500 €. 50 Prozent von 1000 € sind 500 €.

Wenn jeder die Hälfte bekommt, dann bekommt er auch die Hälfte von 100. Und die Hälfte von 100 sind 50, also 50 Prozent – egal wie viel aufzuteilen ist.

Ich will keine Schokolade

Tante Agathe kommt zum Familienfest. Für die Kleinen hat sie eine Tafel Schokolade mitgebracht. Es sind fünf Kinder da. Wie viel Prozent der Schokolade bekommt jedes Kind?

- ○ Dazu müsste ich wissen, wie groß die Tafel Schokolade ist.
- ○ 5 Prozent, weil es ja fünf Kinder sind.
- ○ 20 Prozent, weil $^{100}/_5 = 20$ ist.
- ○ keine Ahnung

Wenn Sie die dritte Antwort angekreuzt haben und es nicht nur Zufall war, dann überspringen Sie bitte diesen Abschnitt.

Beim Prozentrechnen wird das Ganze immer als 100 Prozent bezeichnet. Hier entspricht die ganze Tafel Schokolade 100 Prozent, egal ob es eine 100-Gramm-Tafel, eine 200-Gramm-Tafel oder eine 173-Gramm-Tafel ist. Da die Tafel in fünf gleiche Teile geteilt werden soll, bekommt jedes Kind ein Fünftel. Wenn wir die 100 Prozent durch fünf teilen, dann sind das 20 Prozent. Folglich bekommt jedes Kind 20 Prozent.

Hier ein paar Beispiele zum Selber-Ausrechnen (Lösungen in der Fußnote[1]):

a. Wie viel Prozent erhält jeder, wenn sich acht Kinder einen Kuchen teilen?
b. Wie viel Prozent bekomme ich, wenn mir ein Zwanzigstel des Gewinns zusteht?
c. Wie viel Prozent bekam früher die Kirche von der Ernte, als sie noch den «Zehnten» erhob?

---

[1] a. $^{100}/_8 = 12,5$ Prozent. b. $^{100}/_{20} = 5$ Prozent. c. $^{100}/_{10} = 10$ Prozent.

Nochmals Flohmarkt

Max hat von den 10 €, die die Kinder auf dem Flohmarkt eingenommen haben, 3 € bekommen. Wie rechne ich aus, wie viel Prozent das sind?

○ Ich teile den Anteil durch die Gesamteinnahmen und multipliziere mit 100.
○ Ich teile die Gesamteinnahmen durch den Anteil von Max.
○ keine Ahnung

Wenn Sie die erste Antwort angekreuzt haben und wissen, wie man das macht, dann überspringen Sie bitte diesen Abschnitt.

Wenn man die Prozentzahl (den prozentualen Anteil) ausrechnen möchte, dann teilt man den Teil durch das Ganze und multipliziert mit 100. Wenn Max 3 € von insgesamt 10 € bekommen hat, dann rechnet man so:

Erst mal teilen wir Max' Anteil durch die Gesamteinnahmen:

$$3 € / 10 € = 0{,}3.$$

Das Ergebnis multiplizieren wir mit 100:

$$0{,}3 \times 100 = 30 \text{ Prozent.}$$

Genauso wird gerechnet, wenn die Gesamteinnahmen 1000 € betragen und Max 300 € bekommt:

Erst mal teilen wir Maxens Anteil durch die Gesamteinnahmen:

$$300 € / 1000 € = 0{,}3.$$

Das Ergebnis multiplizieren wir mit 100:

$$0{,}3 \times 100 = 30 \text{ Prozent.}$$

Anne-Kathrin hat vor einigen Jahren für 50 000 € einen Anteil einer Windkraftanlage gekauft. Die Anlage hat insgesamt eine Million Euro gekostet. Wie groß ist ihr Anteil an der Anlage?

Wieder teilen wir Anne-Kathrins Anteil durch die Gesamtkosten:

$$50 000 € / 1 000 000 € = 0{,}05.$$

Das Ergebnis multiplizieren wir mit 100:

$$0,05 \times 100 = 5 \text{ Prozent.}$$

Anne-Kathrin gehören 5 Prozent der Windkraftanlage.

Anne-Kathrins Windkraftanlage

Anne-Kathrin gehören 5 Prozent der Windkraftanlage. Die Anlage macht im Jahr 2004 einen Gewinn von 13 000 €. Wie viel bekommt Anne-Kathrin ab?

○ 6500 €
○ 650 €
○ keine Ahnung

Wenn Sie 650 € ausgerechnet haben, dann lesen Sie getrost beim nächsten Abschnitt weiter.

Um das zu berechnen, müssen wir uns wieder besinnen, was 5 Prozent eigentlich bedeutet. Von jedem Hunderter, der eingenommen wird, erhält Anne-Kathrin 5 €. 13 000 € sind 130 Hunderter. Also bekommt Anne-Kathrin 130-mal 5 €, das sind ziemlich genau 650 €.

Ein anderer Rechenweg ist, dass man das Ganze durch 100 teilt und dann mit dem Prozentsatz multipliziert:

$$13\,000 \text{ € } / 100 = 130 \text{ €}$$
$$130 \text{ € } \times 5 = 650 \text{€}$$

Hier wieder ein paar Beispiele zum Selber-Ausrechnen (Lösungen in der Fußnote[2]):

a. Uwe hat 5000 € auf dem Sparkonto. Der Zinssatz beträgt 3 Prozent. Wie viele Zinsen bekommt Uwe nach einem Jahr?

---

2 a. $^{5000}/_{100} \times 3 = 150$ €. b. $^{2900}/_{100} \times 7 = 203$ €. c. $^{130\,000}/_{100} \times 5,8 = 7540$ €.

b. Von ihrem Bruttogehalt über 2900 € muss Sabine 7 Prozent als Arbeitnehmeranteil an die Krankenkasse abführen. Wie viel muss sie bezahlen?

c. Ein Haus kostet 130 000 €. Der Makler bekommt eine Courtage von 5,8 Prozent. Wie viel muss ihm gezahlt werden?

Michaels Lebensgefährte

Michael hat zu Jahresbeginn 100 000 € angelegt. Am Jahresende hat er 110 000 €. Wie viel Prozent hat er gewonnen?

In Euro ausgedrückt beträgt der Gewinn 110 000 € – 100 000 € = 10 000 €. Um zu berechnen, wie viel Prozent diese 10 000 € von den zunächst eingesetzten 100 000 € sind, müssen wir die 10 000 € durch die 100 000 € teilen und mit 100 multiplizieren. Es genügt nicht, den Gewinn durch den Anlagebetrag zu dividieren. Da wir Prozent haben wollen, muss noch mit 100 multipliziert werden. Also: $^{10\,000}/_{100\,000} \times 100 = 10$ Prozent.

Noch ein paar Beispiele zum Selber-Rechnen und -Üben. Die Lösungen finden Sie in der Fußnote[3]:

a. Wie viel Prozent sind 3000 von 10 000?
b. Wie viel Prozent sind 3 von 1000?
c. Wie viel Prozent sind 90 von 2000?

Das waren ja ganz einfache Zahlen. Jetzt können wir es mit krummen Zahlen versuchen. Die Lösungen finden Sie in der Fußnote[4]:

---

[3] a. $^{3000}/_{10\,000} \times 100 = 30$ Prozent. b. $^{3}/_{1000} \times 100 = 0,3$ Prozent. c. $^{90}/_{2000} \times 100 = 4,5$ Prozent.

[4] d. $^{347}/_{9611} \times 100 = 3,6$ Prozent. e. $^{3}/_{17} \times 100 = 17,6$ Prozent. f. $^{91}/_{204} \times 100 = 44,6$ Prozent.

d. Wie viel Prozent sind 347 von 9611?

e. Wie viel Prozent sind 3 von 17?

f. Wie viel Prozent sind 91 von 204?

Die Erbschaft von Tante Agathe

Jetzt sind wir für die am Anfang des Exkurses gestellte Aufgabe gerüstet:

Ich habe meine Erbschaft von Tante Agathe in Aktien angelegt. Meine Aktien waren vorgestern 10 000 € wert. Gestern sind die Aktien um 5 Prozent gestiegen. Heute sind sie um 5 Prozent gefallen. Wie viel sind meine Aktien jetzt wert? Bitte kreuzen Sie an:

- ◯ 10 000 €
- ◯ 9975 €
- ◯ keine Ahnung

Vorsicht, Falle! Man könnte auf die Idee kommen: Am ersten Tag 5 Prozent Zuwachs und am zweiten Tag 5 Prozent Verlust, das hebt sich doch gerade auf, denn 5 – 5 = 0. Folglich sollten die Aktien wie zu Beginn 10 000 € wert sein. Das ist aber ein Irrtum.

5 Prozent Gewinn von 10 000 € sind nichts anderes als $^5/_{100} \times 10\,000$ € = 500 €. Um diesen Betrag ist der Wert meiner Aktien vorgestern gestiegen. Sie waren dann 10 000 € + 500 € = 10 500 € wert.

Gestern sind meine Aktien um 5 Prozent gefallen. 5 Prozent von 10 500 € sind aber etwas mehr als 500 €, nämlich $^5/_{100} \times 10\,500$ € = 525 €. Um diesen Betrag ist der Wert meiner Aktien gestern gefallen. Darum sind sie heute nur noch 10 500 € – 525 € = 9975 € wert.

Vielleicht haben Sie größere Einnahmen beim nächsten Beispiel:

Michael hat von seinem Arbeitgeber eine Abfindung von 100 000 €
bekommen und in Aktien angelegt. Im ersten Jahr vermeldet seine Bank
Kursgewinne von 80 Prozent. Im zweiten Jahr Verluste von «nur» 60
Prozent. Wie viel ist Michaels Vermögen jetzt wert?

- ○ 100 000 €
- ○ 120 000 €
- ○ 72 000 €
- ○ keine Ahnung

Vorsicht, Falle: Auf den ersten Blick mag man vielleicht denken:
80 – 60 = +20, also 20 Prozent Gewinn. 20 Prozent von 100 000 €
sind $\frac{20}{100} \times 100 000 € = 20 000 €$. Man könnte also vermuten, dass
Michaels Vermögen jetzt 120 000 € wert sei.

Aber das ist leider falsch. Wir dürfen die 60 Prozent nicht von den
80 Prozent abziehen. Berechnen wir zunächst das Vermögen nach
dem ersten Jahr. Der Kursgewinn betrug 80 Prozent. 80 Prozent von
100 000 € sind $\frac{80}{100} \times 100 000 € = 80 000 €$. Michaels Vermögen
beträgt nach dem ersten Jahr also 100 000 € + 80 000 € = 180 000 €.
Jetzt wenden wir uns dem zweiten Jahr zu. Der Kursverlust betrug
60 Prozent. Aber nicht 60 Prozent von 100 000 €, sondern 60 Prozent von 180 000 €. 60 Prozent von 180 000 € sind $\frac{60}{100} \times 180 000 €$
= 108 000 €. Michaels Vermögen beträgt nach dem zweiten Jahr also
180 000 € – 108 000 € = 72 000 €. Michael hat in den zwei Jahren
also 28 000 € verloren.

Nun stellt sich die interessante Frage:

Was wäre passiert, wenn es umgekehrt gewesen wäre? Was wäre,
wenn er im ersten Jahr 60 Prozent Kursverluste und im zweiten Jahr 80
Prozent Kursgewinne gemacht hätte?

- ○ Es kommt wieder 72 000 € heraus.
- ○ Es kommt weniger heraus.
- ○ Es kommt mehr heraus.
- ○ keine Ahnung

Berechnen wir erst einmal das Vermögen nach dem ersten Jahr. Der Kursverlust betrug 60 Prozent. 60 Prozent von 100 000 € sind $^{60}/_{100}$ × 100 000 € = 60 000 €. Michaels Vermögen beträgt nach dem ersten Jahr also 100 000 € – 60 000 € = 40 000 €. Jetzt wenden wir uns dem zweiten Jahr zu. Der Kursgewinn betrug 80 Prozent. Aber nicht 80 Prozent von 100 000 €, sondern 80 Prozent von 40 000 €. 80 Prozent von 40 000 € sind $^{80}/_{100}$ × 40 000 € = 32 000 €. Michaels Vermögen beträgt nach dem zweiten Jahr also 40 000 € + 32 000 € = 72 000 €. Michael hätte in diesem Fall genau wie im ersten Beispiel 28 000 € verloren.

Ein anderes Beispiel?

Im ersten Jahr gab es 30 Prozent Kursgewinne, im zweiten Jahr gab es 30 Prozent Kursverluste, im dritten Jahr gab es wieder 30 Prozent Kursgewinne und im vierten Jahr wieder 30 Prozent Kursverluste. Wie viel ist Michaels Vermögen wert?

1. Jahr: Gewinn   = $^{30}/_{100}$ × 100 000 € = 30 000 €,
           Vermögen = 100 000 € + 30 000 € = 130 000 €.
2. Jahr: Verlust   = $^{30}/_{100}$ × 130 000 € = 39 000 €,
           Vermögen = 130 000 € – 39 000 € = 91 000 €.
3. Jahr: Gewinn   = $^{30}/_{100}$ × 91 000 € = 27 300 €,
           Vermögen = 91 000 € + 27 300 € = 118 300 €.
4. Jahr: Verlust   = $^{30}/_{100}$ × 118 300 € = 35 490 €,
           Vermögen = 118 300 € – 35 490 € = 82 810 €.

Obwohl die prozentualen Kursverluste nicht größer waren als die prozentualen Kursgewinne, hat Michael doch ganz schön viel verloren.

Manche mögen das paradox finden. Bisweilen empfiehlt es sich, in solchen Fällen Extremsituationen zu überlegen. Egal, wie hoch die Kursgewinne im ersten Jahr sind, wenn im zweiten Jahr die Kursverluste 100 Prozent betragen, dann hat Michael sein ganzes Geld verloren.

Kurz vor Schluss noch ein Beispiel zum Selber-Rechnen:

Michael legt wieder seine 100 000 € an. Im ersten Jahr betragen die Kursgewinne 250 Prozent. Im zweiten Jahr betragen die Kursverluste 60 Prozent. Wie viel hat Michael?[5]

Jetzt sollten Sie in Prozentrechnung wesentlich sicherer sein, als es zum Verständnis des Buches erforderlich ist.

Und eine Übungsaufgabe, für die wir in diesem Buch keine Lösung anbieten:

Wenden Sie das gerade Gelernte im Alltag an. Wie wird in Hochglanzbroschüren die Zinsentwicklung von beispielsweise Investmentfonds dargestellt? Was suggeriert die Darstellungsweise?

---

[5] Michael hat nach zwei Jahren wieder genau das, was er investiert hatte. Nun ja, nicht wirklich, denn die Bank wird ihm einiges an Provisionen, Depotgebühr usw. abgezogen haben.

Danksagung

Wir danken unserer ehemaligen Lektorin Frau Angelika Mette, die uns zu diesem Buch überlistet hat. Außerdem sind wir Frau Karin Horn und Frau Sabine Kahlmeyer Dank für konstruktive Kritik und wertvolle Hinweise schuldig.

Register

rororo science

Kopfnüsse für Querdenker

John D. Barrow
Ein Himmel voller Zahlen
*Auf den Spuren
mathematischer Wahrheit*
3-499-19742-1

Pierre Basieux
Abenteuer Mathematik
*Brücken zwischen Wirklichkeit
und Fiktion*
3-499-60178-8

Beck-Bornholdt/Dubben
Der Hund, der Eier legt
*Erkennen von Fehlinformation
durch Querdenken*
3-499-61154-6

Dietrich Dörner
Die Logik des Misslingens
*Strategisches Denken
in komplexen Situationen*
3-499-19314-0

László Mérö
Die Logik der Unvernunft
*Spieltheorie und die Psychologie
des Handelns*
3-499-60821-9

Gero von Randow
Das Ziegenproblem
Denken in Wahrscheinlichkeiten
3-499-19337-X

Tschernjak/Rose
**Die Hühnchen von Minsk
und 99 andere hübsche
Probleme**

3-499-60363-2

Abb: Archiv für Kunst und Geschichte, Berlin/Alma Tadema

science

Mathematik, Physik, Medizin, Philosophie, Kunst, Genetik – so kommt die Wissenschaft in den Kopf

Pierre Basieux
Die Top Ten der schönsten mathematischen Sätze
3-499-60883-9

Jörg Blech
Leben auf dem Menschen
Die Geschichte unserer Besiedler
3-499-60880-4

Richard Dawkins
Das egoistische Gen
3-499-19609-3

Michio Kaku
Im Hyperraum
Eine Reise durch Zeittunnel und Paralleluniversen
3-499-60360-8

Detlef B. Linke
Kunst und Gehirn
Die Eroberung des Unsichtbaren
3-499-60258-X

James Trefil
Physik im Strandkorb
Von Wasser, Wind und Wellen
Professor James Trefil ist komplexen Naturerscheinungen auf den Grund gegangen – ein Kolleg auf hohem Niveau, voller vergnüglicher Geschichten!

3-499-19683-2

Foto: Klaus Kallabis

Christoph Drösser

Stimmt's, Herr Drösser, dass Ihre Bücher süchtig machen?

Stimmt's?
Moderne Legenden im Test
3-499-60728-X
«Bier auf Wein, das lass sein – Wein auf Bier, das rat ich dir.» Stimmt's? Alltagsweisheiten auf dem Prüfstand.

Stimmt's?
Noch mehr moderne Legenden im Test
3-499-60933-9

Stimmt's?
Freche Fragen, Lügen und Legenden für clevere Kids
3-499-21163-7
Stimmt's, dass Pinguine umfallen, wenn Flugzeuge über sie hinwegfliegen? Gähnen ansteckend ist? Pupse brennbar sind? Schokolade süchtig macht? Christoph Drösser, Redakteur der «Zeit» und science-Buchautor, macht Schluss mit Lügen und Legenden. Das Buch macht einfach Spaß – und nebenbei gibt's viel zu lernen!

Stimmt's?
Neue moderne Legenden im Test
«Mit 75 neuen, hoch vergnüglichen Texten steht Christoph Drösser ein weiteres Mal souverän Rede und Antwort ... zum Staunen, Schmunzeln oder Kopfschütteln.»
www.wissenschaft-online.de

3-499-61489-8